服装裁剪实用手册

下装篇

鲍卫君
陈荣富 编著

DHUP 東華大學出版社

内 容 提 要

《服装裁剪实用手册——下装篇》是下装裁剪的工具书。本书从介绍女性下装的演变入手，通过对女性人体进行分析，详细地阐述了女性下装的三大品种——裙子、裤子和裙裤的基本结构及其制图要点，各品种主要廓形的结构特点、变化原理。并对近50个基本款式及100多个流行款式进行了剖析，使读者能在较短的时间里掌握裙子、女裤、裙裤的结构设计原理、制图方法，并能在实践中举一反三地加以灵活运用。

本书图文并茂，便于读者理解和自学，同时兼具知识性、实用性和资料性，除可供服装设计、裁剪制作的读者学习鉴赏外，也可作为培训服装专业人员的教材、高等院校服装专业学生的课外参考书、服装设计制作人员的参考资料。

图书在版编目(CIP)数据

服装裁剪实用手册——下装篇/鲍卫君，陈荣富编著.
—上海：东华大学出版社，2012.5
ISBN 978-7-5669-0050-0

Ⅰ.①服...　Ⅱ.①鲍...②陈...　Ⅲ.①服装量裁—手册　Ⅳ.①TS941.631-62

中国版本图书馆CIP数据核字(2012)第087577号

责任编辑　杜亚玲
封面设计　BO:OK[比克设计] mochee@vip.sina.com

服装裁剪实用手册
下装篇
鲍卫君　陈荣富　编著
东华大学出版社出版
(上海市延安西路1882号　邮政编码：200051)
新华书店上海发行所发行　苏州望电印刷有限公司印刷
开本 787×1092　1/16　印张 7.75　字数 186 千字
2012年6月第1版　2020年4月第12次印刷
ISBN 978-7-5669-0050-0
定价：25.00元

前言

自中国加入世贸组织后，新世纪的中国服装产业，越来越感受到国际化大潮带来的一浪又一浪的强大压力。这种形势，既为中国服装产业带来了空前的机遇，同时也带来了空前的挑战。在服装业繁荣兴旺，服装教育发展迅猛，服装从业人员队伍日益扩大的同时，企业对服装技术人员的要求也越来越高。因此，培养和提高服装技术人员的素质，为企业的再生和发展注入科学技术的活力，是服装教育工作者义不容辞的责任。

服装裁剪实用手册，从实用性出发，把服装主要部件领、袖、上衣身、下装（裙子、裤子、裙裤）单列成册，组成系列，从结构原理和裁剪要点上进行了详细的阐述，同时对大量的款式结构图进行了剖析，以便于读者在服装结构理论的指导下进行实践和体会。全书内容全面系统，既有很高的实用价值，又有很强的资料收藏价值。该系列丛书共四册，分别为：

《服装裁剪实用手册——领型篇》

《服装裁剪实用手册——袖型篇》

《服装裁剪实用手册——上装篇》

《服装裁剪实用手册——下装篇》

该系列丛书的作者均为具有丰富教学实践经验和多年从事服装企业技术工作经验的高校教师，该系列书的出版，是教师们回报社会，服务社会，为我国服装业的繁荣献出的一份真情。但由于教学工作的繁忙及水平的限制，错误之处在所难免，敬请读者批评指正。

目录

上篇 裙 子

下 篇 女裤和裙裤

上　篇

裙　子

第一章　裙子概述

裙子是遮盖下半身的衣服，也叫半截裙，通常是以独立的形式出现，有时也指连衣裙的下半部分。它刚出现时，是男女都穿用的，随着社会的分工及服装业的发展，而逐渐成为女性的专用服饰，作为例外，苏格兰男子至今有穿着打褶短裙的习惯。

在女性的服饰中，裙子的穿着范围相当广，从年幼女孩活泼美丽的童裙、妙龄少女新颖别致的时装裙，到成熟女性妩媚动人的淑女裙、中老年女性端庄稳重的套装裙等，款式各异的裙装充分展示了不同年龄女性的特有韵味。在重要场合、各种宴会，女性穿着裙子已成为一种礼仪。裙子已成为女性服饰中最富有特色和活力的一大品种。

一、裙子的发展历史

裙子是最古老的服装品种。在古埃及，人们就用布缠绕在身上形成包裹式围裙或缝制成简单的筒裙。到了中世纪，在裙子中出现了省缝的应用和喇叭形的裁剪方法。12世纪，在服装史上出现了一项重要改革——两件合为一体的长服产生，即上下两部分分开制作，上半部紧身合体，下半部则是拖长而宽大的衣裙，两部分之间用细线缝合起来，在这之前，流行的女式外衣都是从双肩到裙摆始终都是用一块完整的布料制成的。可见裙子的形式发生了明显的变化。

随着人们审美观的变化及服装向装饰化方向的转变，在16世纪，人类又发明了裙撑，并一直被延用到19世纪末。裙撑是专门用来塑造裙子外形的一种衬裙，将它放在裙子里面，使裙子的外形呈现膨胀状，造型奇特而美妙。最具豪华与装饰性的裙子数18世纪的洛可可时代，裙子装饰极其繁琐奢华，裙撑的造型像个牢笼，把女人装在里面，使呼吸、进食、行动极其不便。18世纪后期法国大革命的爆发，冲击了当时服饰界追求极其华丽装饰的审美趣味，至18世纪末，这种极其夸张的裙子就销声匿迹了，取而代之的是田园风格的裙子，以硬衬布作衬裙（用马尾和麻的混纺布制作的衬裙）放入裙内的裙子。19世纪末期，又出现了在臀部放入撑垫的裙子，从侧面看S形的曲线更加夸张。

第一次世界大战的爆发，荡涤了人们审美意识矫揉造作的形态，使女子从家庭走入社会，开始抛弃繁赘华丽的服饰，使裙子有了质的变化，裙子变得简洁、短小、紧凑，便于活动，这在服装史上是一个重大的变化，这以后裙子变得多姿多彩。第二次世界大战后，人们急切地追求新生活和新文化，因而服装取得了很多有意义的突破，各种长裙、短裙、宽摆裙、窄摆裙、高腰裙、低腰裙等造型层出不穷，千姿百态，直至影响到今日。

二、裙子的分类

裙子是女装中花色品种与款式造型变化最丰富的一个门类，其应用广泛实为女装之冠。由于面料、形态、着装、用途等的不同，要准确全面地给予分类命名，较为繁杂，这里仅从长度和形态加以分类。

(一) 以长度分类

有：超短裙(迷你裙)、短裙、及膝裙、半长裙、长裙、全长裙等(见图1-0-1)。

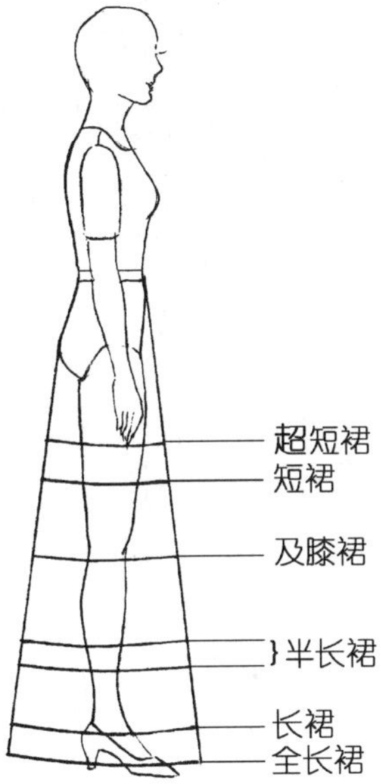

图1-0-1

(二) 以形态分类

裙子的形态主要有：腰线的高低、外形的宽窄、分割线的方式、褶的形式等。

1. 以腰线的高低命名的有——低腰裙、无腰带裙、腰带裙、高腰裙等(见图1-0-2)。

2. 以外形的宽窄命名的有——窄裙、直裙、A字裙、斜裙、圆裙(太阳裙)等(见图1-0-3)。

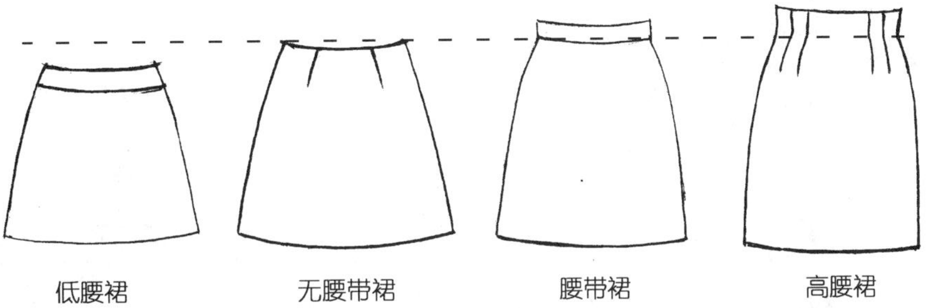

图1-0-2　以腰位的高低命名的裙子

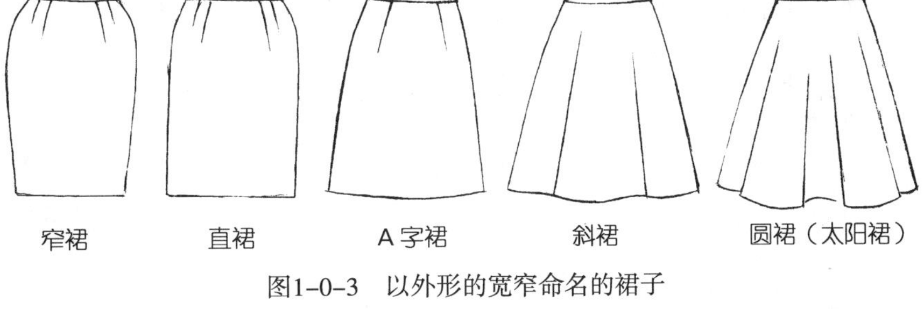

图1-0-3　以外形的宽窄命名的裙子

3. 以分割方式命名的有——四片斜裙、八片斜裙、多节裙、不对称变化裙、斜向分割裙、螺旋裙、曲线分割裙（鱼尾裙）、插片裙等（见图1–0–4）。

4. 以褶的形式命名的有——单向褶裙、暗褶裙、碎褶裙、立体褶裙等（见图1–0–5）。

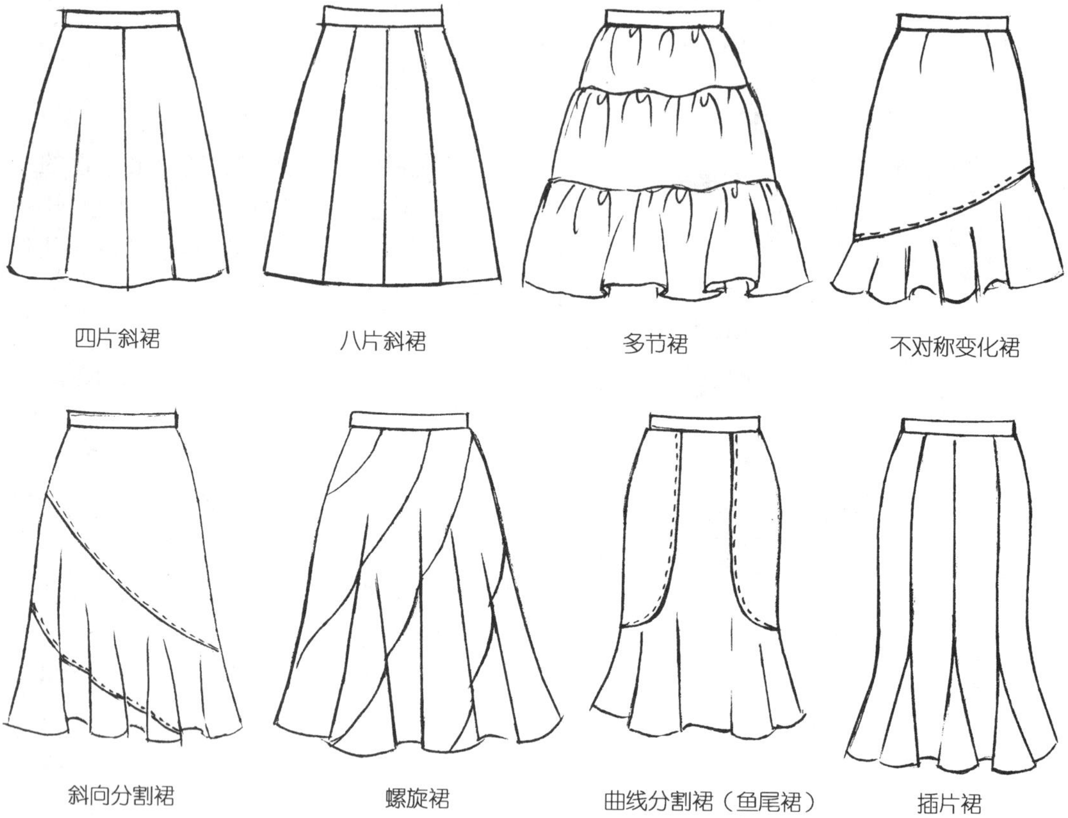

图1–0–4　以裙子分割的方式命名的裙子

图1–0–5　以褶的形式、类别来命名的裙子

第二章　裙子的基本结构及其变化原理

第一节　裙子的基本型——原型裙

学习裙子的设计裁剪，一般从裙子的基本型——原型裙入手。原型裙的制图需要腰围、臀围、腰长、裙长等四个数据。

一、原型裙相关尺寸的测量(见图2–1–1)

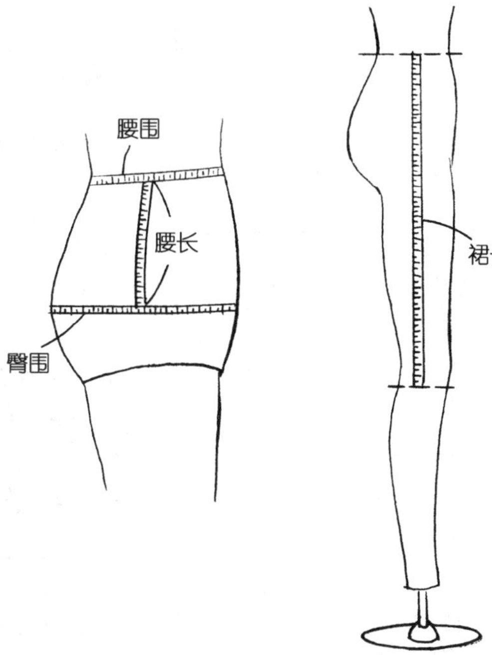

图2–1–1　裙子相关尺寸的测量

腰围(W)：沿腰部最细处水平围量一周。

臀围(H)：沿臀部最丰满处水平围量一周。

腰长：腰围水平线至臀围水平线之间的距离。

裙长：从侧腰处量至裙子所需的长度的位置，原型裙的长度量至膝盖处。

二、原型裙的制图

1. 参考规格

号型：160/64　腰围：64　臀围：90　腰长：18　裙长：56

其中腰围、臀围为净体尺寸。

2. 原型裙制图步骤（见图2–1–2）

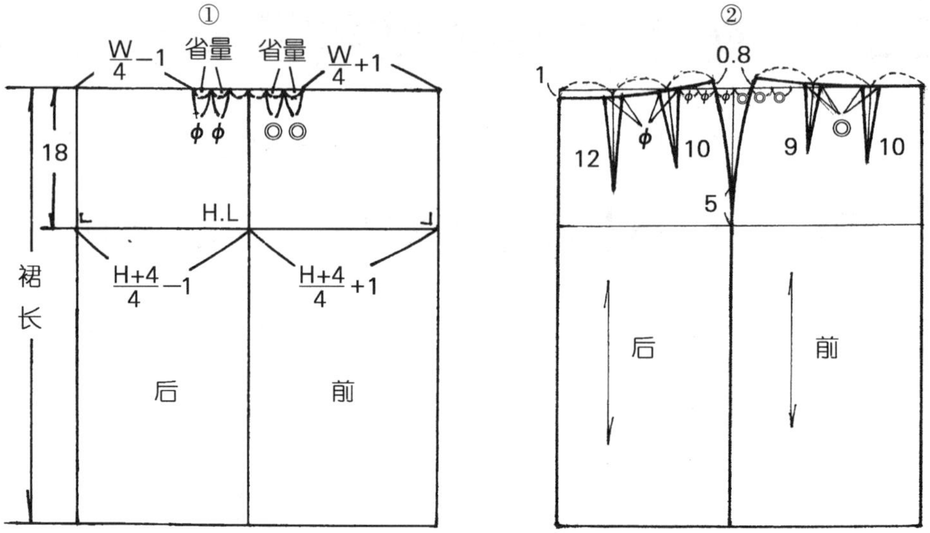

图2–1–2　原型裙制图步骤

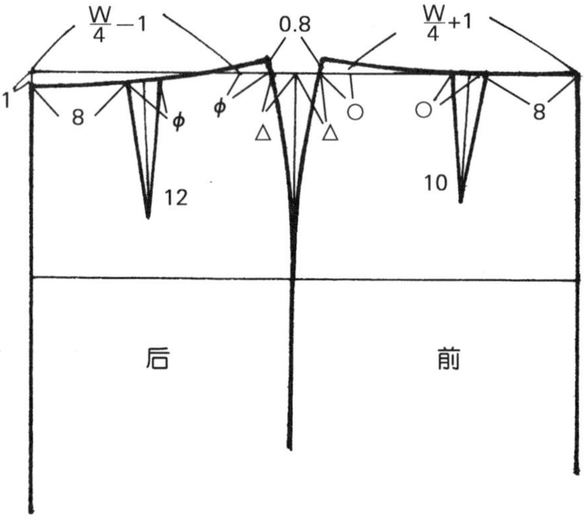

图2–1–3　原型裙腰省的调节

三、原型裙结构分析

1. 臀围放松量：臀围放松量为4 cm，这是人体活动的必要放松量。若是胖体妇女或高龄妇女，放松量可增加到6~8 cm。

2. 腰省：前片腰省是由腹部外凸与腰部收进而产生，后片腰省是由臀部外凸与腰部收进而产生，其作用是调节臀腰差，穿上后使中臀部以上显得合体。

3. 腰省的数量：原型裙共设8个省道，每四分之一裙片设2个省道。若臀围与腰围的差量少，可考虑每四分之一裙片设1个省道，通常每个省道大2.5 cm左右较为合适（见图2–1–3）。

4. 腰部侧缝的倾斜量：图2–1–3中的△，在原型裙制图时，一般取2 cm左右，因腰部的倾斜过强，布料便会过于斜裁，会影响裙子的美观。

5. 前后裙片的宽度：原型裙的制图，前片腰围采用W/4+1，后片腰围采用W/4−1；前片臀围采用$\frac{H+4}{4}+1$，后片臀围采用$\frac{H+4}{4}-1$，前片宽度大于后片。在平常制图时，也可采用前后裙片

注：本书中的臀围尺寸（H）、腰围尺寸（W）均为净体尺寸。

宽度相同,主要的区别在于侧缝线的居中程度。

6. 前后裙片腰线的形状：原型裙腰线的后中要比前中低落1cm，两侧腰线比前中高出0.7~0.8 cm,呈现出弧状,这是由于人体本身特征所造成的（见图2–1–4）。从图中可知，前后中心腰长与侧腰长比较：B>A>C。

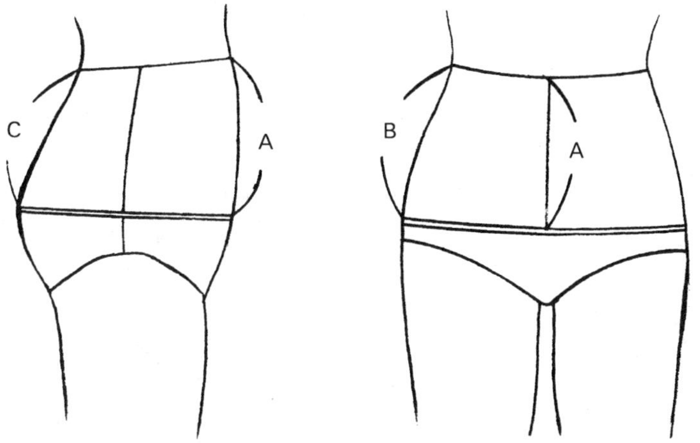

图2–1–4 前后中心腰长与侧腰长比较图 （B>A>C）

7. 裙长：原型裙的裙长只量到膝部,其裙摆可看作膝围线。

在裙子的变化中原型裙有着非凡的作用,从理论上讲,所有的裙子都可以原型裙为基础进行各种款式的变化,但从实际经验看,因为裙子的结构比较简单,制图的方法容易,对于大多数褶裙、喇叭裙来说,以原型裙为基础进行变化,会显得烦琐。所以通常情况下,裙子原型只作为合体窄裙、旗袍裙、西服裙等T型、H型裙子使用。而褶裙、喇叭裙等大摆裙则按更简单的方法来制图。从了解裙子的结构变化规律角度出发,使用原型裙进行款式的变化,更能使初学者掌握裙子的结构,以便在实际操作中运用其变化原理进行制图。

第二节 裙子廓形变化原理

裙子的廓形通常以裙摆的宽度来划分,即合体裙、半合体裙(A字裙)、斜裙、半圆裙和整圆裙(见图2–2–1)。从表面上看,裙子的外形是裙摆大小的变化,而实质上,是腰口线的上翘程度制约着裙摆的大小(见图2–2–2),我们可以通过合体裙、半合体裙、斜裙、半圆裙和整圆裙的一系列结构变化的规律中,找出腰口线与裙摆之间的这种关系。

一、合体裙

合体裙穿在身上处于合体贴身状态,如西服裙、窄裙、旗袍裙等。

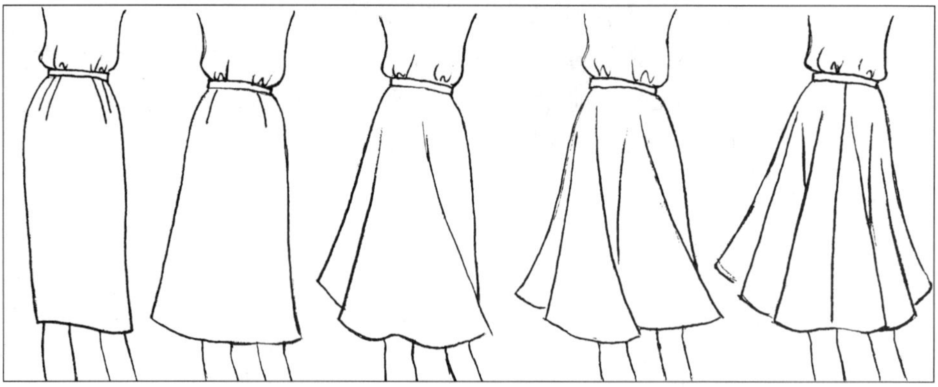

图2-2-1　裙子的廓形变化

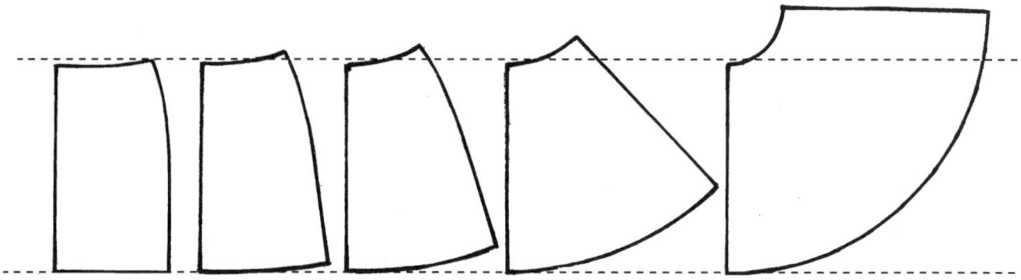

图2-2-2　裙腰线与裙摆的关系

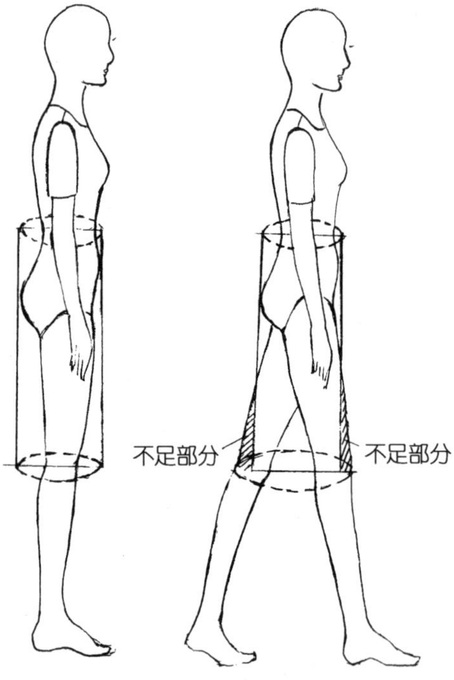

图2-2-3　原型裙由于其下摆量不足影响其行走

它的结构与原型裙相同。但由于原型裙是紧贴于身体，对于行走等活动机能没有考虑（见图2-2-3），因此需要增加机能性方面的设计，即在后中线上端设计足够量的开口用于装拉链，方便穿脱。在下端设计便于行走的开衩。若是窄裙，可直接在裙摆的侧缝处，收进1.5 cm左右即可（见图2-2-4）。裙腰头的尺寸很重要。一般裙腰线的长度等于腰围的实际尺寸加上后搭门量（见图2-2-4）。裙子制图完成后，还要修正腰口线，使之达到弧顺（见图2-2-5）。

二、半合体裙（A字裙）

通常情况下，裙子的合体与宽松取决于裙摆的宽度。半合体裙是在合体裙（原型裙）的基础上增加裙摆的宽度来完成。其变化原理可以通过下面的实验来分析。

在图2-2-6中，我们将圆柱体和圆锥体相比较，从

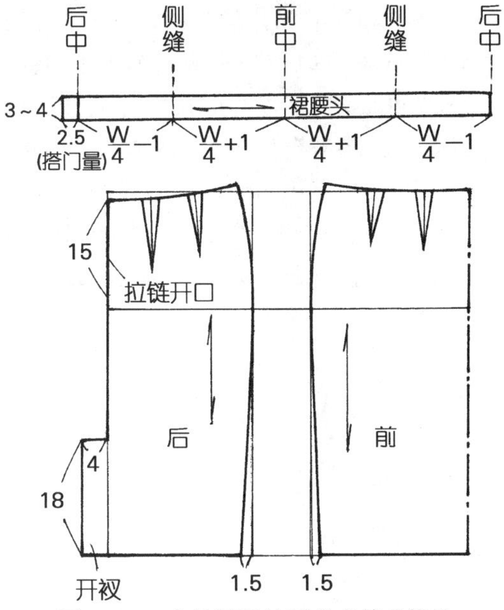

图2–2–4　合体裙设计要考虑其功能性

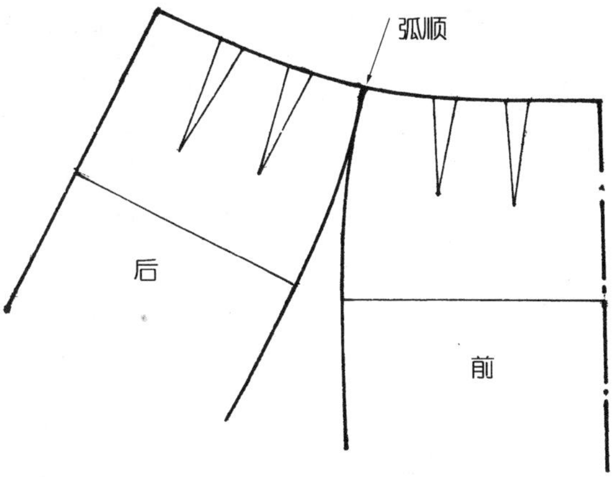

图2–2–5　裙腰线的检查

表面上看，两者的区别在于底边的宽度。把圆锥体展开成平面，若简单的从两维的梯形平面考虑，在上口线为直线的情况下，只增加底边线的宽度是错误的。只有将上口线、底边线与两侧斜线构成直角的情况下，上口线与底边线自然形成了均匀的抛物线，才能构成圆锥体。其原理与裙子的变化规律是一致的。

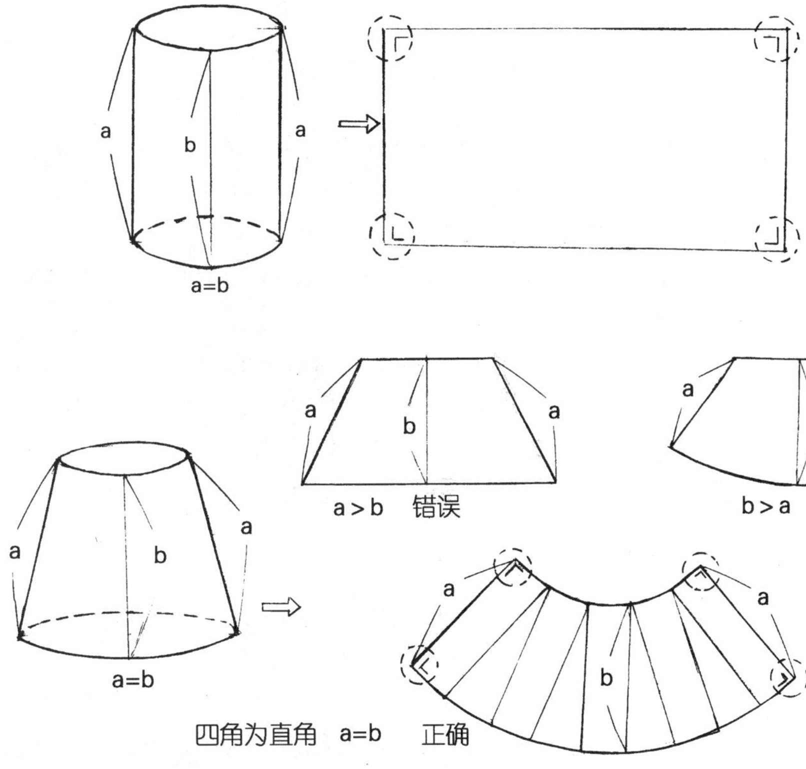

图2–2–6　圆锥体平面展开正误图

原型裙的上半部分类似于圆锥体，下半部分呈筒状。图2–2–7为裙省、裙腰线、裙摆线的变化关系，从中可以看出原型裙在结构上表现为矩形的中臀围线(HL)以上作为臀腰差，以省的形式均匀地分布在腰口线上，裙摆越大，扇形的变化越大，腰省自然消失。从裙子的侧缝线上看，裙摆越大，侧缝线的弧状越小，而趋于直线。从中我们可以总结出：裙摆是受腰省的制约，实质上是受腰口线的制约，即腰口线曲度越大，裙摆的量越大。这种规律同样适合于斜裙、半圆裙和整圆裙。

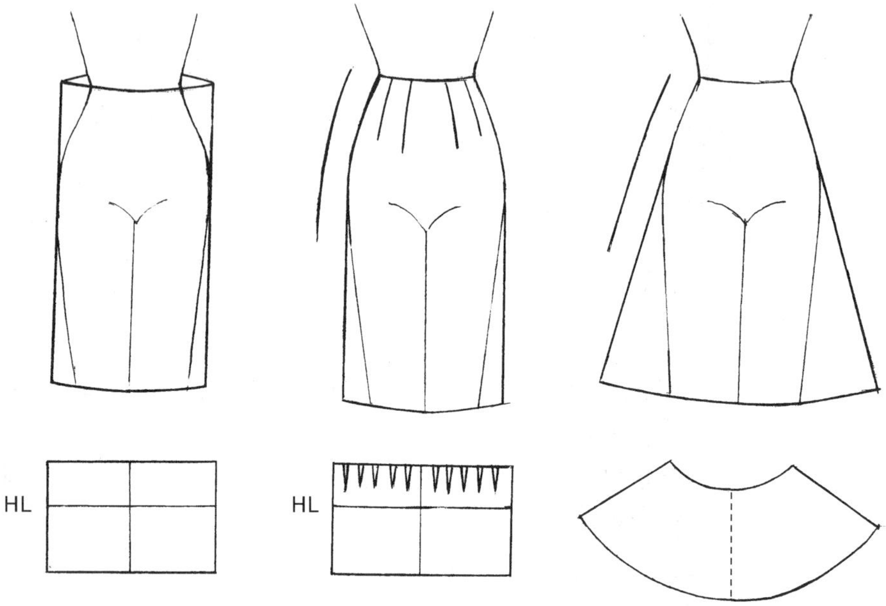

图2–2–7　裙省、裙腰线、裙摆线的变化

半合体裙的裙摆大于合体裙，呈A字造型，也叫A字裙。其腰口保留一个省道，故下摆不是很大（见图2–2–8）。其变化原理是把原型裙的一个省道闭合，使之成为裙摆的量。

制图要点：1. 以原型裙为基础，通过其中的一个省尖引出一条剪开线。

2. 将剪开线剪开，同时闭合对应的省道，这时腰口线会上翘，剪开线下端自然张开，得到了下摆增加的量。腰口线上留下的一个省，根据款式重新确定位置。为使整体造型美观，可适当增加侧摆量。这个量以3~4 cm为宜。

三、斜裙

斜裙的裙摆比半合体裙更大，根据半合体裙的造型原理，留下的另一个省必须闭合，使其成为裙摆的量，见图2–2–9。

制图要点：1. 以原型裙为基础，通过两个省尖分别引出两条剪开线。

2. 将两条剪开线剪开，同时闭合对应的省道，剪开线上翘呈弧

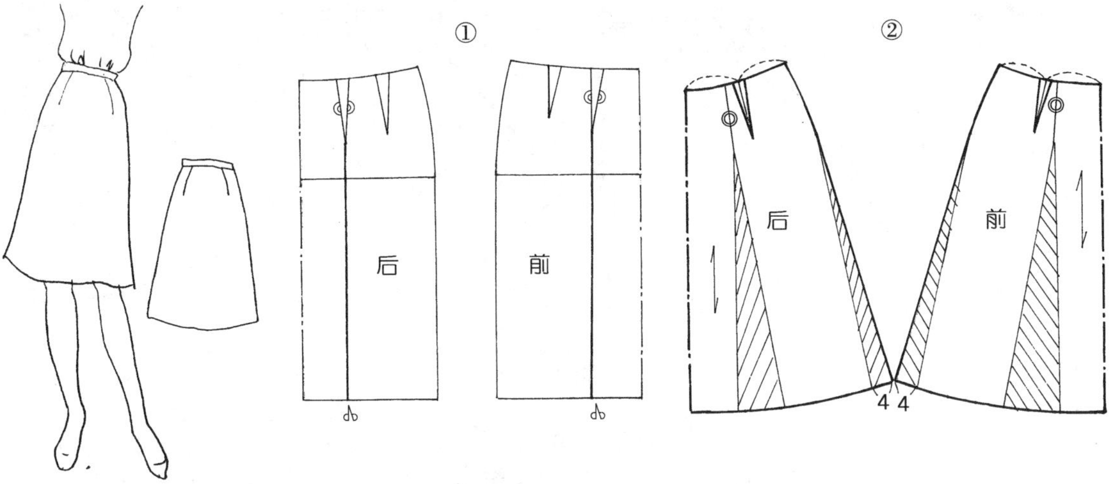

图2-2-8　半合体裙(A字裙)结构变化

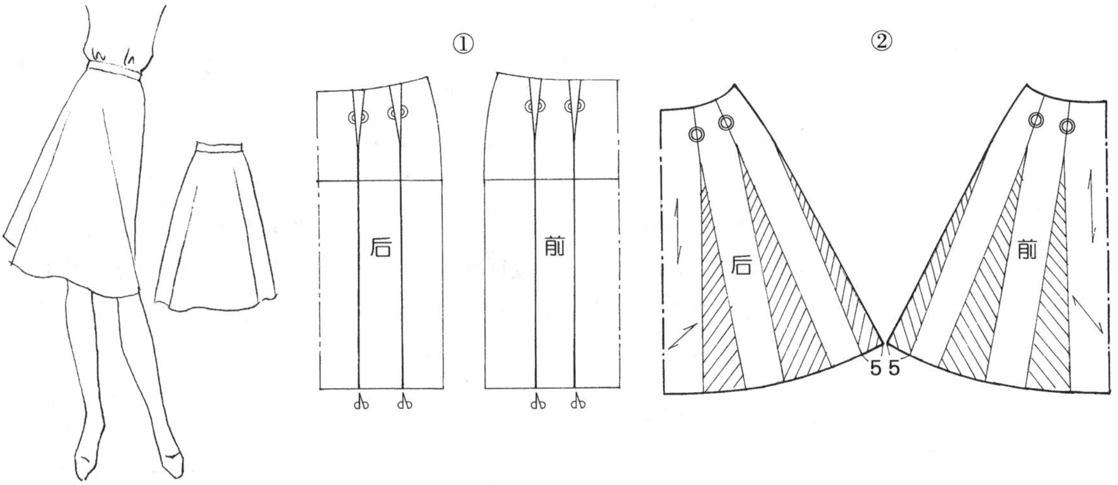

图2-2-9　斜裙结构变化

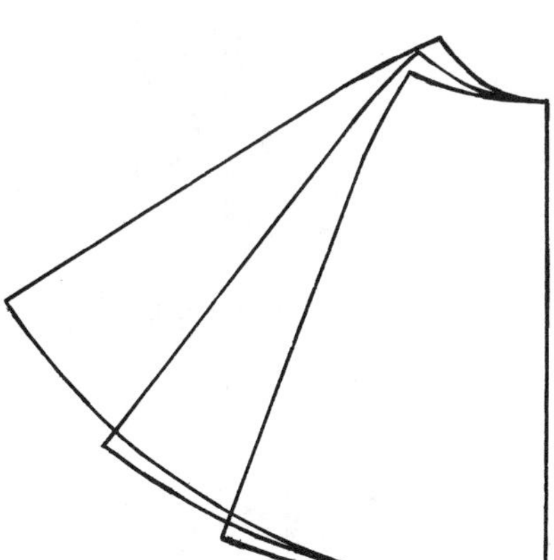

图2-2-10　裙摆越大腰线曲度越大

线，剪开线下摆自然张开，得到下摆增加的量。为使整体造型美观，可适当增加侧缝量。这个量以4 cm左右为宜。

四、斜裙的简易裁剪法

从理论上来看，斜裙的变化是通过闭合腰省来取得裙摆的量，但在实际操作中，会显得繁琐。我们可以将此原理进行灵活运用，得到一个简便的斜裙裁剪法——直角式旋转裁剪法。

1. 制图原理：(见图2-2-10)裙摆越大，其腰口线曲度也越大。

2. 制图参考尺寸：腰(W)=64，裙长=52(腰头宽除外)。

3. 制图步骤及要点：见图2-2-11。

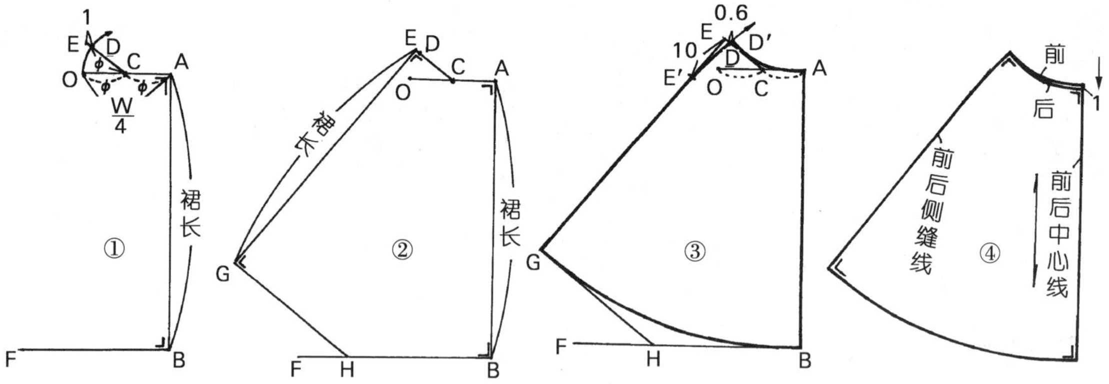

图2–2–11　斜裙的直角式旋转裁剪法

（1）从A点引两条互相垂直的线，在水平线上取AO=W/4，在垂直线上取AB=裙长，并从B点作AB的垂线BF。然后将AO两等份，等分点为C，再以C为圆心，AC长为半径作弧，在弧线上取一点D，连接CD并延长1 cm取E点。

要点：弧长OD的量决定裙摆的大小，即OD弧线越长，腰口线曲度越大，下摆也越大；反之，则越小。

（2）从E点作CE的垂线EG，长度为裙长。再从G点作EG的垂线交BF线于H点。

（3）在EG线上取EE′=10 cm，从E′点向D点作弧线并延长，取DD′=0.6 cm，圆顺连接D′A并于DC直线相切。此线即为前片腰口线。再圆顺连接B点、G点，成为裙摆线，注意两角要成直角。

（4）后片腰口线是在前片腰口线的基础上下落1 cm。

五、半圆裙和整圆裙

半圆裙是指整条裙摆的宽度正好是整圆裙的一半，即180°。整圆裙是指整条裙摆的宽度为整个圆，即360°，也称太阳裙。通常情况下，它是裙摆的极限（见图2–2–12）。

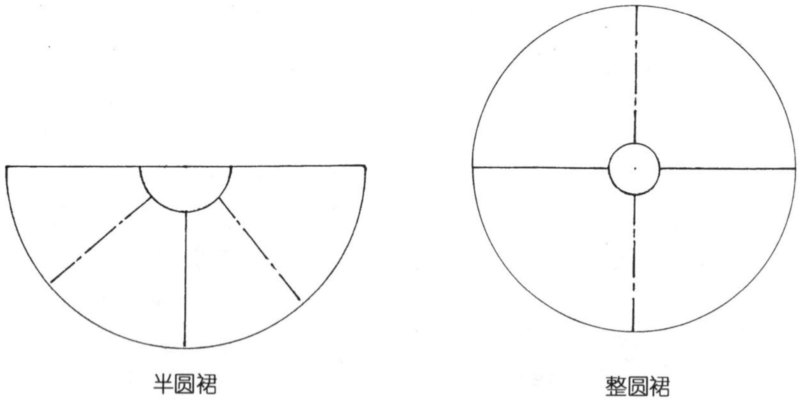

图2–2–12　半圆裙、整圆裙平面图

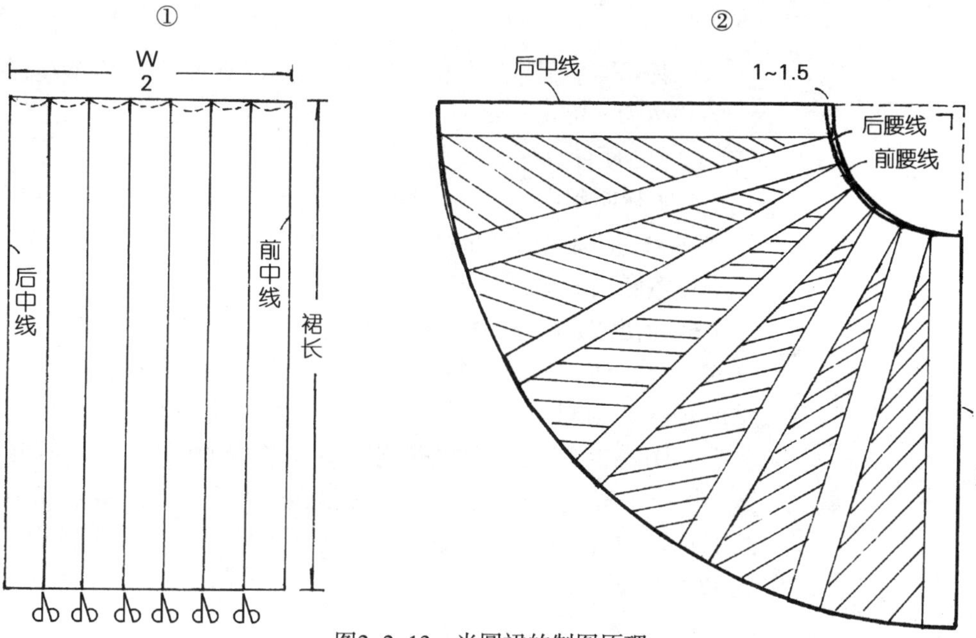

图2-2-13　半圆裙的制图原理

1. 制图原理

以半圆裙为例，见图2-2-13，作矩形，宽=W/2，长=裙长。并将其竖直分成若干等份，分割数量越多，变化后形成的腰曲线就越圆顺，裙摆造型越好。根据人体的特征，后腰口线要比前腰口线低落1~1.5cm。

对于整圆裙，其制图原理相同。

2. 制图方法

有精确计算法和简便计算法两种。

（1）精确计算作图法

以整圆裙为例，见图2-2-14。把裙腰口线看作是内圆的周长，裙摆看作是外圆的周长，制图时只要求得内圆半径AO即可。根据圆周长公式，半径AO=周长（W）/2π，即AO=W/6.28(π≈3.14)。外圆半径CO=AO+AC，即得到(外圆周长)裙摆。

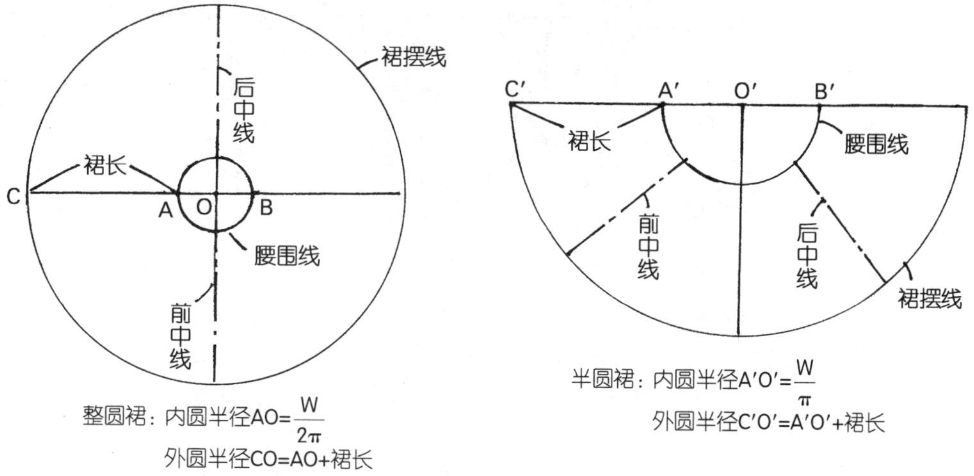

图2-2-14　整圆裙、半圆裙半径的精确计算法

同理可得半圆裙半径的计算方法，即内圆半径A′O′=W/π；外圆半径C′O′=A′O′+裙长。

（2）简便计算作图法

在实际应用中，我们可以采取更简便的计算方法：半圆裙内圆半径=W/3−1，整圆裙内圆半径=W/6−0.6（见图2−2−15）。

3. 整圆裙的裙摆处理

整圆裙或大斜裙缝制好，经悬挂后，裙摆大多会出现水平不一致的情况，下垂量视面料不同而有所区别。通常情况下，组织疏松、质地轻薄的面料下垂量多些；而组织紧密、质地厚实的面料下垂量要少。图2−2−15提供的裙摆削减量是常规的面料。最合理的办法是：将裙子缝制好（裙摆不缝制），悬挂24h后。因面料质地不同，裙摆下垂量也不一样。根据裙摆呈水平状的要求，将下垂部分修剪成水平状即可。

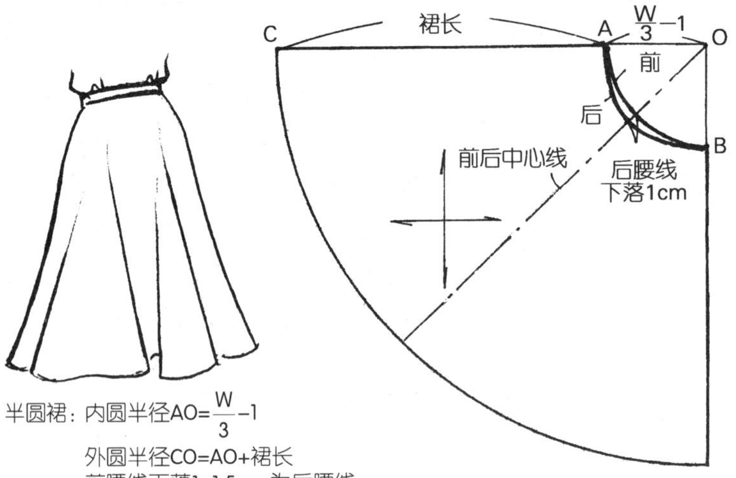

半圆裙：内圆半径AO=$\frac{W}{3}-1$

外圆半径CO=AO+裙长

前腰线下落1~1.5 cm为后腰线

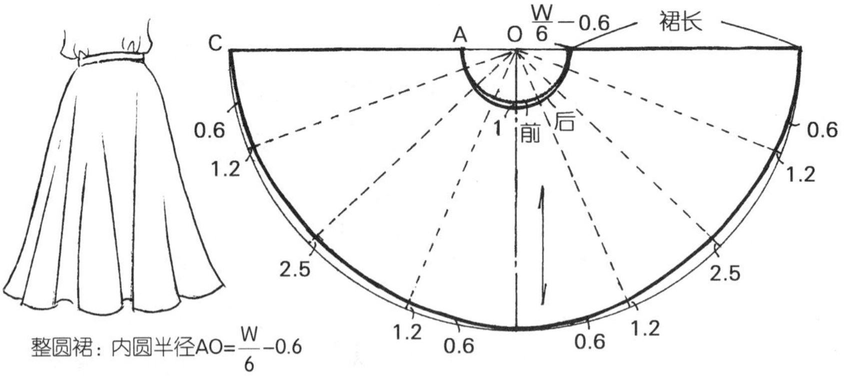

整圆裙：内圆半径AO=$\frac{W}{6}-0.6$

外圆半径CO=AO+裙长

前腰线下落1~1.5 cm为后腰线

重点提示：裙子缝制完毕、裙摆由于其丝缕方向的不同，某些部位会出现下垂量多的情况，因此，需在这些部位的裙摆处作削减处理。

图2−2−15　半圆裙、整圆裙简便计算作图法

第三节　裙子分割变化原理

裙子的分割变化主要有：竖线分割、横线分割、竖线和横线交叉分割等几种形式（见图2-3-1）。分割裙在视觉上有很强的装饰性，其结构处理与人体的特征紧密相连。

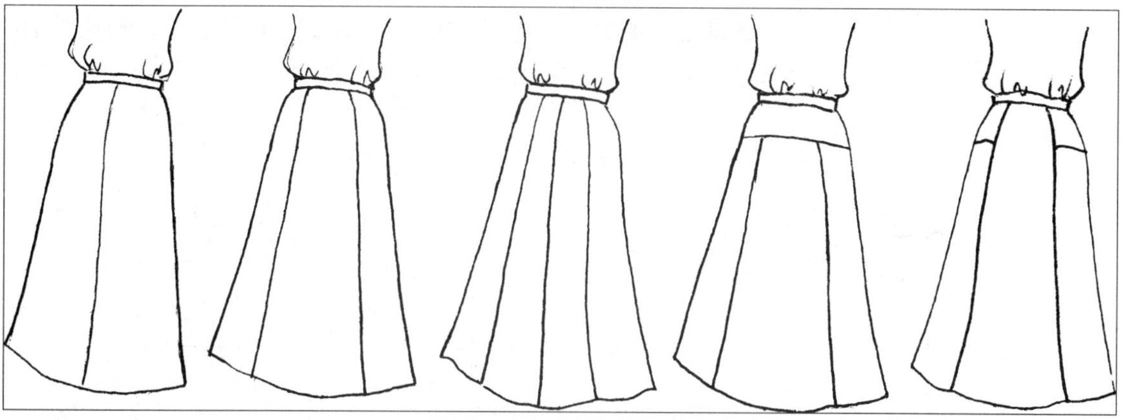

图2-3-1　裙子的分割变化

一、分割造型的原则

1. 分割线的设计要体现服装穿着舒适、活动方便、造型美观的基本功能。

2. 竖线分割应与人体凹凸点尽量保持平衡。

3. 横线分割，尤其是处于臀部、腹部的分割线，要以凸点为基准确定分割线的位置。在其他部位，要遵循合体、运动、形式美的原则进行设计。

二、竖线分割裙

竖线分割裙也叫多片裙，有四片裙、六片裙、八片裙、十片裙等以偶数分割出现的形式，也有以奇数分割出现的形式，如：三片裙、五片裙、七片裙、九片裙等。

竖线分割裙制图要点：以圆型裙为基础，通过处理省道进行竖向分割，中臀围以上呈现合体状，而下摆可以根据需要设计成半合体状或宽摆状均可。

制图方法有两种：一种是原型变化法，另一种是直接制图法。

（一）原型变化法

该方法是按照竖线分割裙的制图原理，通过处理原型的省道来完成的。下面以四片分割裙、六片分割裙、八片分割裙为例加以分析。

1. 四片分割裙（见图2–3–2）

四片裙以侧缝为界，前后各2片。

制图原理：将原型裙的一个省道转移到裙摆，另一个省道分成两部分暗藏在前后中线、侧缝线上。

制图步骤及要点：

① 从原型裙前、后片的一个省道的省尖引一条竖线，将竖线从裙摆剪开至省尖，同时闭合该省道，剪开线下端自然张开成为裙摆的增加量。

② 将余下的另一个省道的量分别暗藏在前后中线、侧缝线上，为保持裙子的整体美感，侧下摆增加4 cm的量。

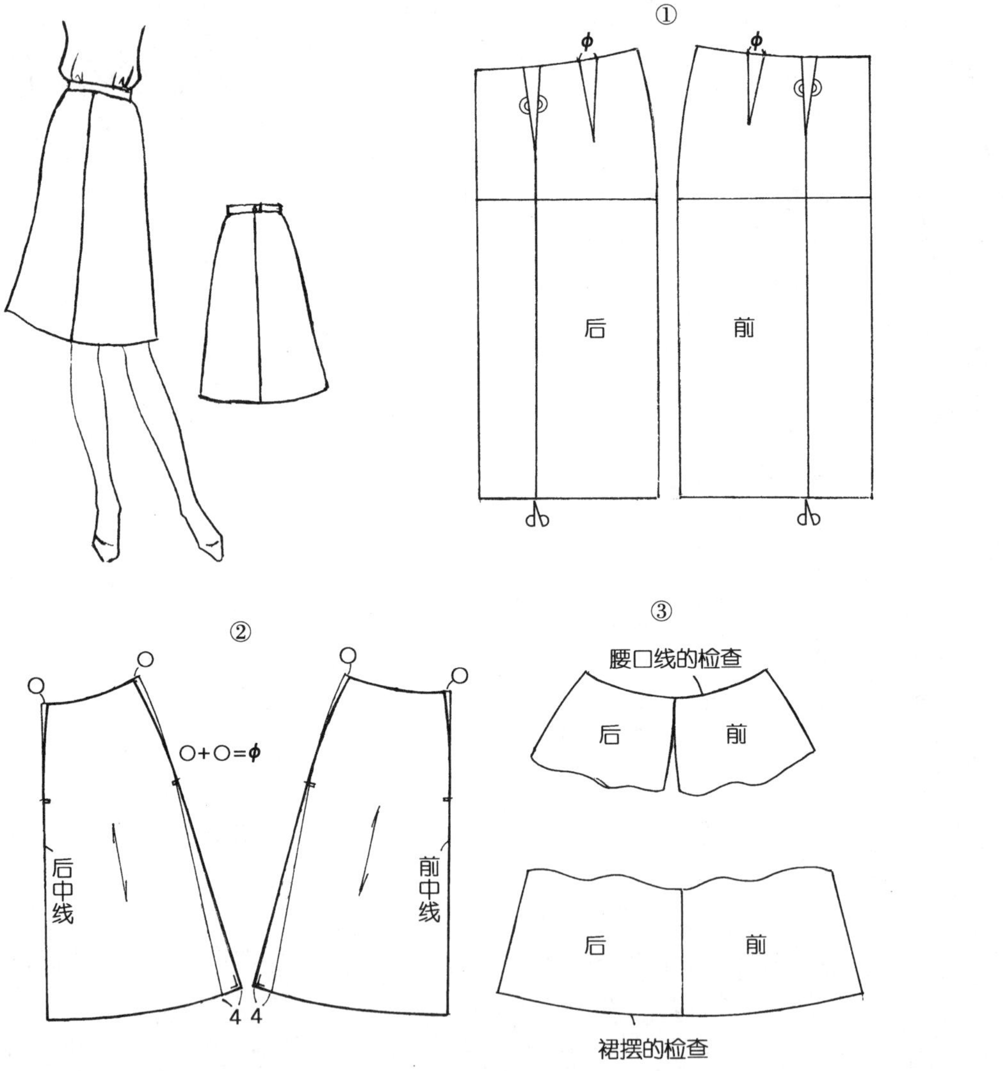

图2–3–2　四片分割裙

2. 六片分割裙（见图2–3–3）

六片裙以侧缝为界，前后各3片。

制图原理：将原型裙的省量重新分配，竖向分割线上暗藏着一个半省量，另外半个省暗藏在侧缝线上。

制图步骤及要点：

① 在原型裙上确定六片裙分割线的位置，根据中臀围以上合体的原则，后片在中臀围线以上5 cm取省尖，前片在中臀围线以上7 cm取省，省道为一个半省的量，另外半个省暗藏在侧缝线上。

② 增加裙摆的量，前后中线各增加2 cm，侧缝线增加4 cm。

③ 将结构图进行分解，得到后中、后侧、前中、前侧各裁片图。

④ 检查、修正腰口线、裙摆线，要求圆顺。

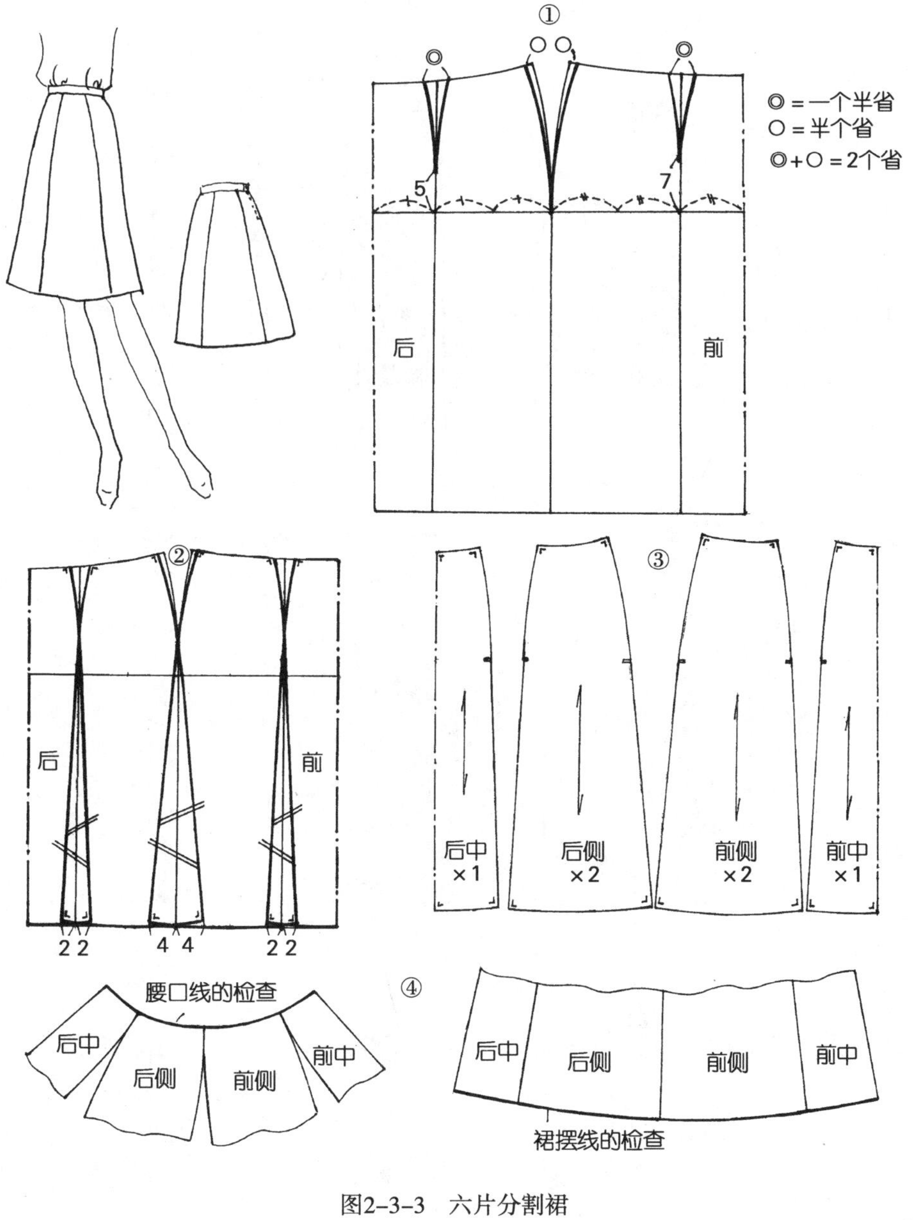

图2–3–3　六片分割裙

3. 八片分割裙（见图2–3–4）

八片分割裙以侧缝线为界，前后各4片。

制图原理：将原型裙的省道重新分配，每条分割线上暗藏着一个半省，另外半个省分成两部分，分别暗藏在前后中线和侧缝线上。

制图步骤及要点：

① 在原型裙上确定八片裙分割线的位置，根据中臀围线以上合体的原则，在四分之一分割线上作出腰省，省大为一个半省道的量，另外半个省分成两部分，分别暗藏在前后中线和侧缝线上。裙摆在每条分割线和侧缝线上增大，前后中线的裙摆不增大。

② 将结构图进行分解，得到后中、后侧、前中、前侧各裁片图。

最后检查腰口线、裙摆线是否圆顺。

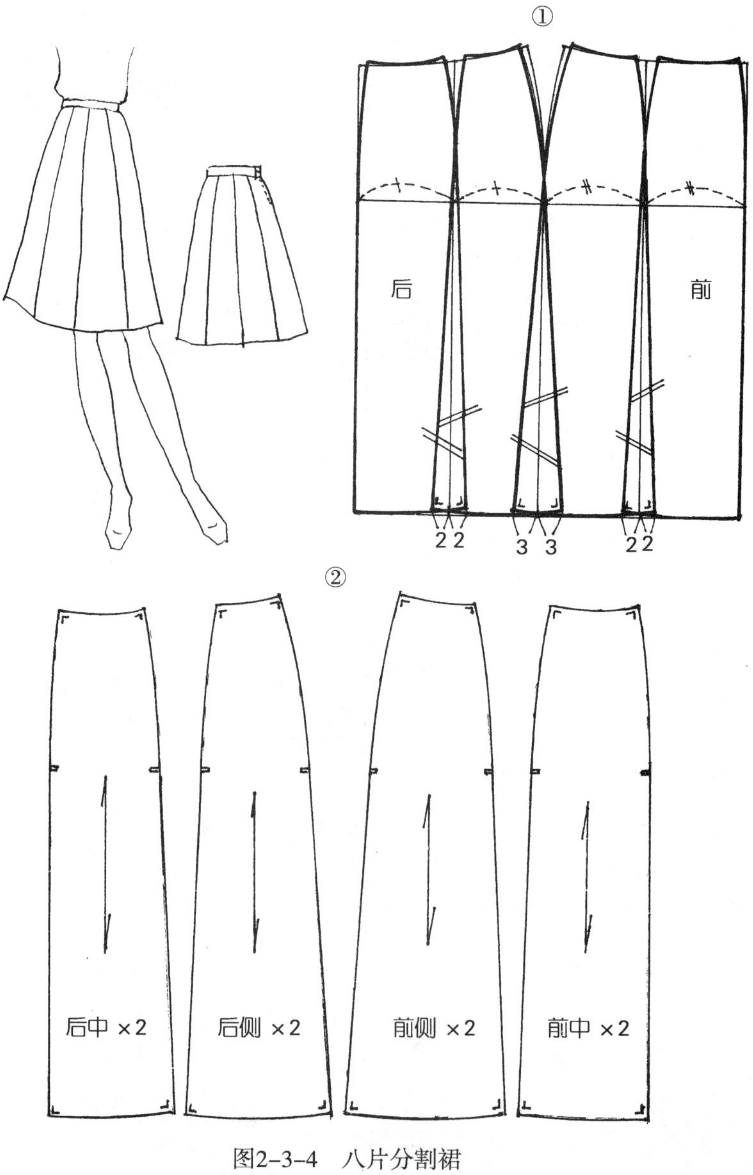

图2–3–4　八片分割裙

（二）直接制图法

直接制图法是根据中臀围线以上合体的原则，其原理与原型变化法相同。以八片裙、十二片裙为例介绍直接制图的方法。

1. 八片裙：制图方法见图2–3–5。

参考尺寸：腰围：68　臀围：90（净体尺寸）　裙长：72（腰头除外）。

2. 十二片裙：制图方法见图2–3–6。

参考尺寸：腰围：68　臀围：90（净体尺寸）　裙长：76（腰头除外）。

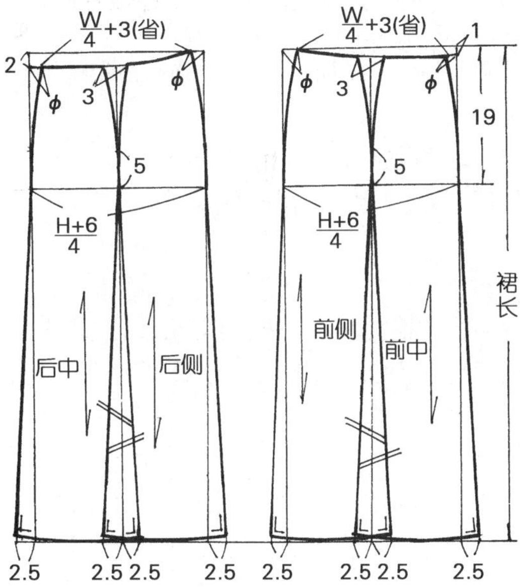

图2–3–5　八片裙（直接制图法）

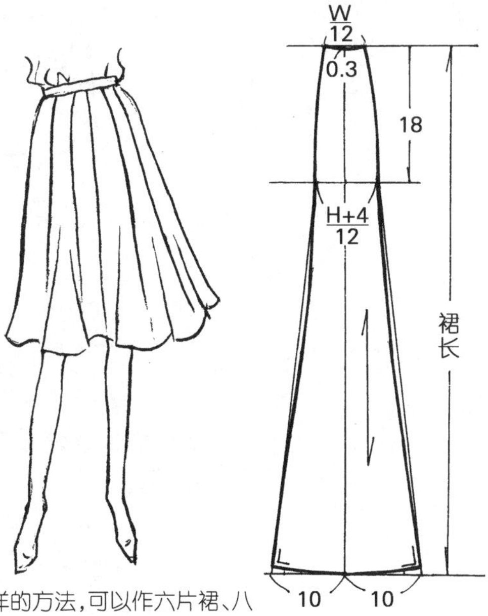

用同样的方法，可以作六片裙、八片裙、十片裙、十六片裙的裁片。

图2–3–6　十二片裙（直接制图法）

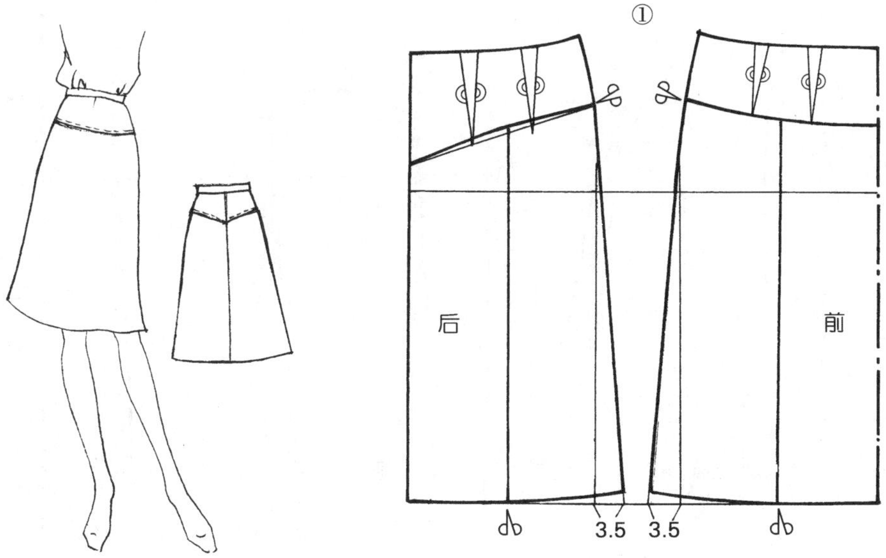

图2–3–7（一）　横线分割——育克裙

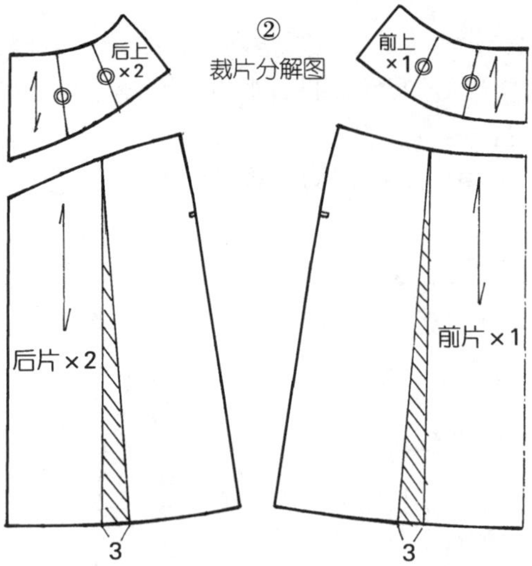

图2-3-7(二)　横线分割——育克裙

三、横线分割裙

根据分割裙中臀围线以上合体的原则，横向分割要以凸点为基准确定分割线。即前片经过腹凸部位，后片经过臀凸部位，这种分割也叫育克线分割。

(一) 横向分割裙(育克裙)(图2-3-7)

制图步骤及要点：

① 在原型裙上画出育克线的位置,根据中臀围线以上合体的原则，闭合腰省,使前后育克部分上翘,裙摆的增大量一部分通过中间的剪开线加放,另一部分在两侧缝上加放。

② 将前后裙片进行分解，得到各裁片图,然后修顺腰口线、育克线、裙摆线,同时作出对位记号。

(二) 竖线、横线交叉分割裙

这种形式的分割裙的制图是根据竖线、横线交叉分割裙的原理,结合具体款式造型进行灵活运用的。以下面两款裙型为例,加以说明。

1. A款(见图2-3-8)

该款是育克线分割与竖线分割的结合,中臀围线以上部位显得合体,裙摆张开呈喇叭状,既合体又便于活动。制图步骤参照图2-3-7。

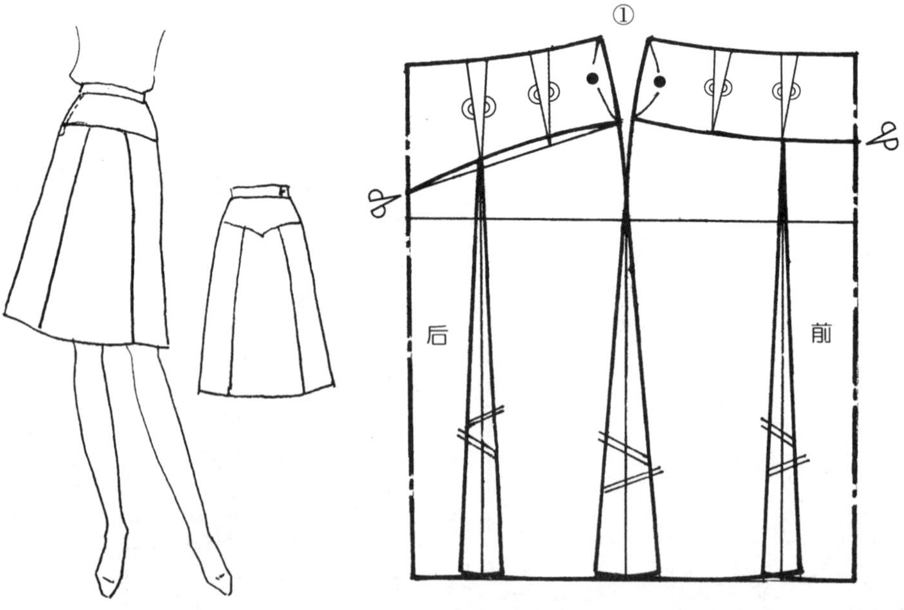

图2-3-8(一)　横向、竖向交叉分割裙——A款

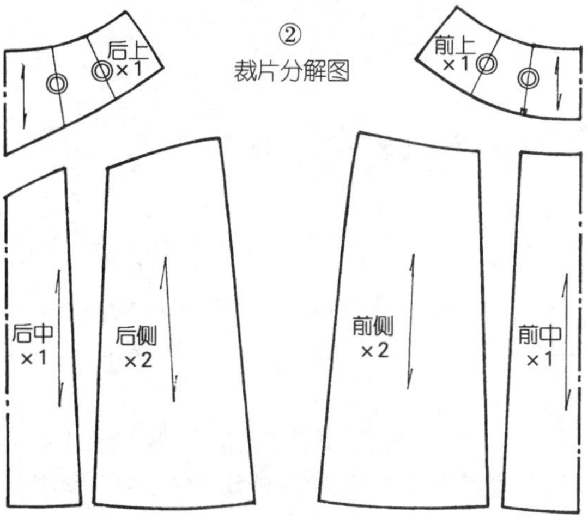

图2-3-8(二) 横向、竖向交叉分割裙——A款

2. B款（见图2-3-9）

该款的前后中部为竖线分割，两侧片是横线分割，中臀围线以上部位显得合体，裙摆张开呈喇叭状，是功能性与装饰性的有机结合。制图步骤参照图2-3-7。

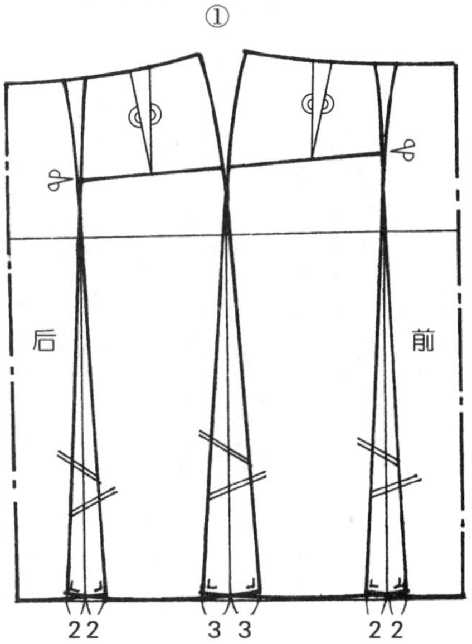

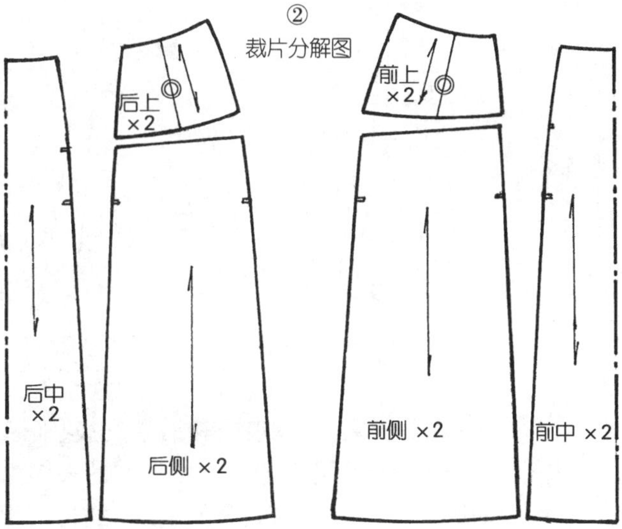

图2-3-9 横向、竖向交叉分割裙——B款

第四节　裙子褶裥变化原理

褶裥裙因其特有的立体效果和强烈的装饰效果，深受都市女性的喜爱。其制图可参照分割裙的变化原理,通过省道的转移,既达到了中臀围线以上合体的要求,又达到款式造型的目的,使功能性与装饰性得到完美的结合。

通常情况下褶裥有两大类,一类是自然褶(见图2–4–1),另一类是规律褶(见图2–4–2)。自然褶随意、多变,显得活泼、华丽;规律褶具有秩序感,显得庄重和富有节奏。

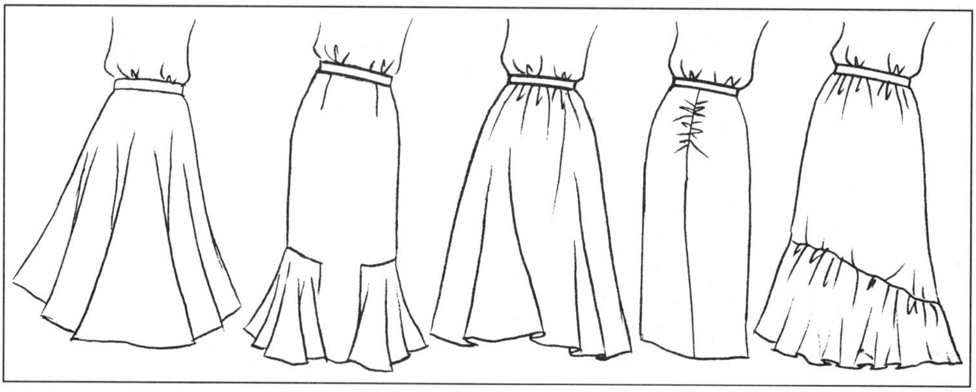

图2–4–1　自然褶裙

图2–4–2　规律褶裙

(一) 自然褶：有波浪褶和缩褶(也叫细褶或碎褶)之分。波浪褶是通过结构处理使裙摆产生自然均匀的波浪造型,如半圆裙、整圆裙等。缩褶是把接缝处的布料加长，使加长的部分在缝制时抽缩成碎褶,其长度与拼接线相等,缝制后接缝处呈现自然褶皱。

1. 波浪褶裙

波浪褶裙无论是强调功能性还是装饰性，其原理都是增加裙摆的量使其产生波浪状，呈现洒脱、飘逸的感觉。而制约裙摆的关键是裙腰线的曲度。

（1）波浪裙——A款（见图2-4-3）

此款为双层整圆裙结构，裙长前后不相等，前中腰部左右片重叠一部分。可采用极薄且有垂度的乔其纱、麻纱类面料。采用整圆裙的制图方法，参考尺寸如下：

腰围：66 cm，前裙长：30 cm，后裙长：90 cm，内层裙长：36 cm，外层裙长：96 cm。

制图方法：① 根据圆周率公式，得到腰部圆半径r=W/2π（内、外裙相等）。

② 外层裙直径=30+2r+90，得到外层裙半径=（30+2r+90）/2，前中腰部重叠10 cm，后中腰线下降1 cm。

③ 内层裙长：比外层裙长出6 cm即可。

④ 修正裙摆：与整圆裙的裙摆修正原理相同，裙摆的斜丝部分待裙子成型后修剪掉0.8~1 cm即可。

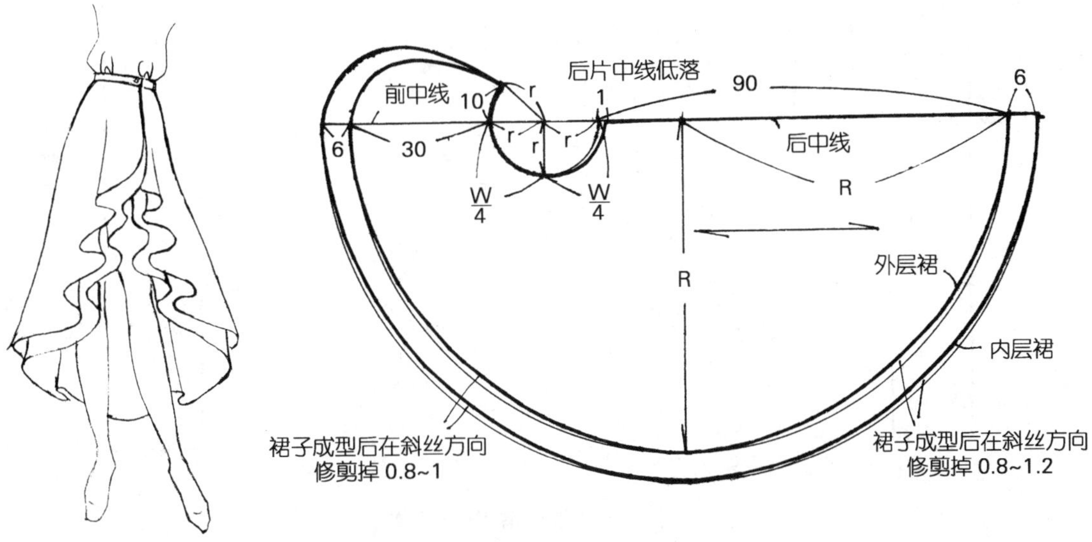

图2-4-3　波浪褶裙——A款（双层整圆裙）

（2）波浪裙——B款（见图2-4-4）

此款为裙摆局部呈现波浪形，上部采用合体裙设计，既具有方便行走的功能性，又起到装饰的作用。

制图方法：① 在原型裙的裙摆处作出款式的分割线，为使造型美观，自臀围线以下，两侧缝各收进1 cm。

② 将裙片进行分解，得到前后裙片和裙摆分割部分，同时作出对位记号。裙摆的波浪形根据腰线曲度变大裙摆也变大的原理进行变化，在剪开线上，裙摆部分各增加4.5 cm的量（若希望裙摆再大些，

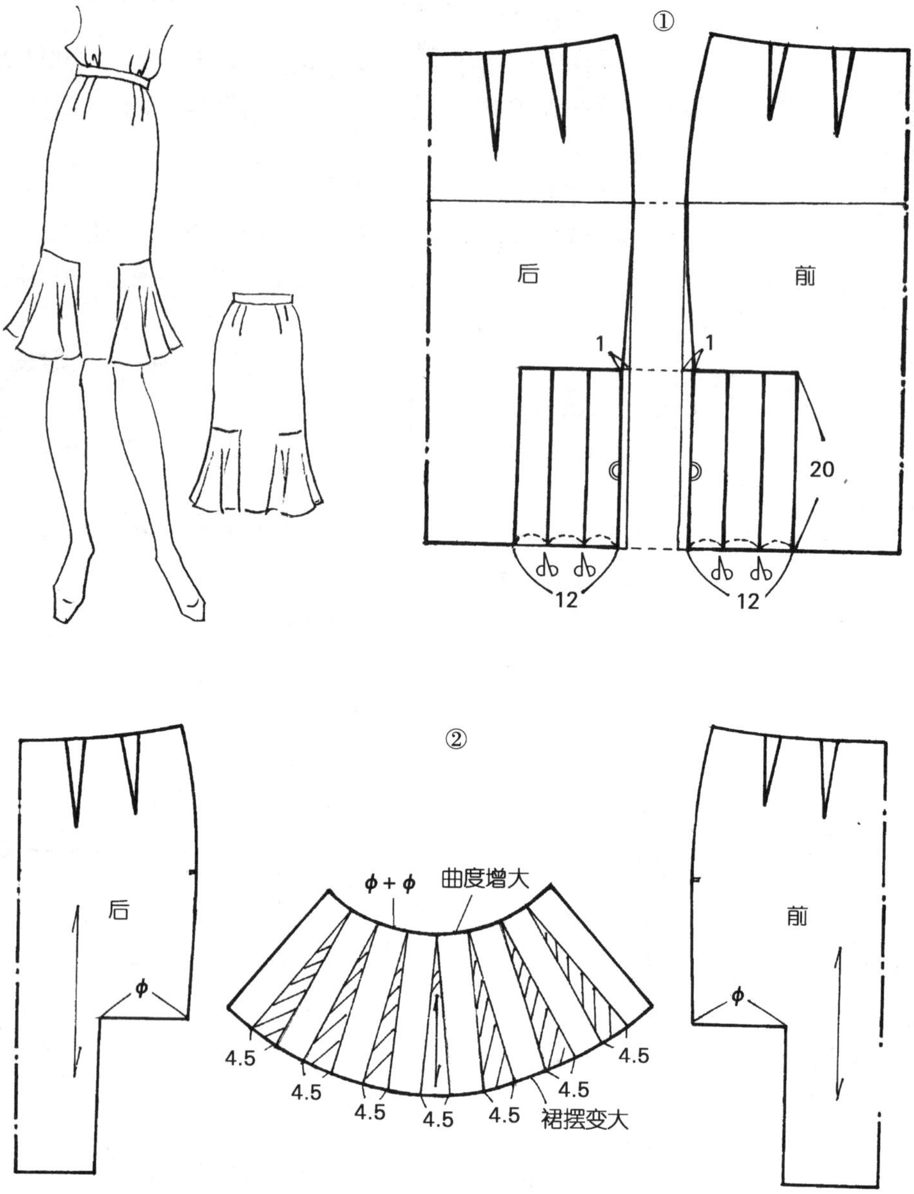

图2-4-4　波浪褶裙——B款

则剪开线的量再多些），画顺上下曲线即可。

2. *缩褶裙（碎褶裙）*

缩褶裙的应用范围很广，富有变化。其原理是增加裙片接缝处的长度，抽褶后形成随意的褶皱。以下面两款分析其制图原理。

（1）缩褶裙——A款（见图2-4-5）

这是最普通的一种裙形，裙子腰部抽碎褶，在外形上有两种形态，一种是腰部与裙摆大小一致，呈直线状；另一种是裙摆比腰部大，呈喇叭状张开。由于该裙结构简单，采用直接制图的方法。

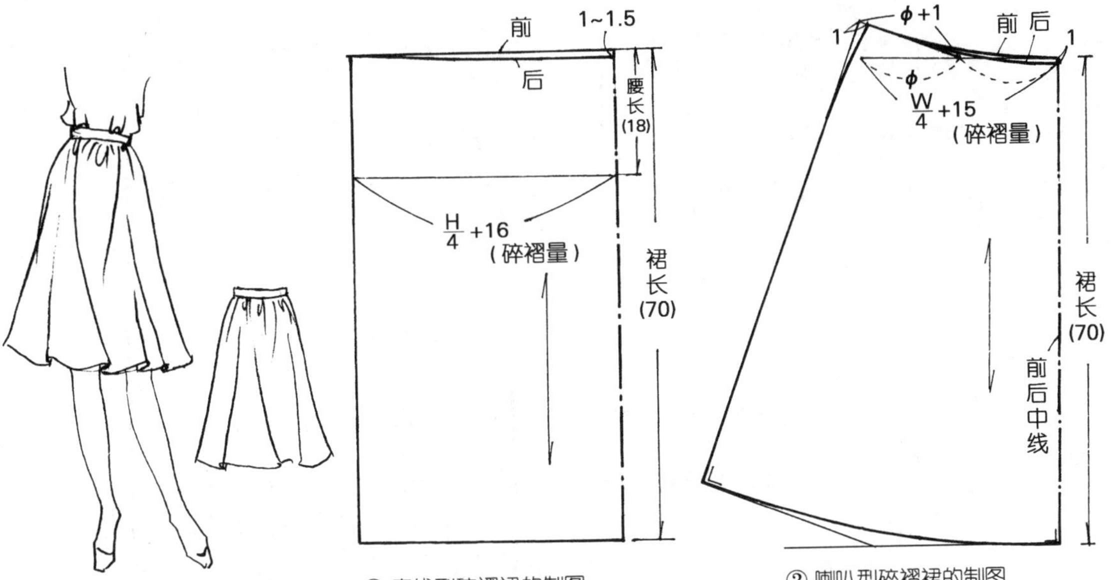

W=68
裙长=70(腰除外)

① 直线型碎褶裙的制图

② 喇叭型碎褶裙的制图

图2–4–5　缩褶裙——A款

参考尺寸：腰围：68 cm，臀围：90 cm（净体尺寸），裙长：70 cm（不包括腰头）。

① 直线形碎褶裙

由于其腰部与裙摆呈直线状，故制图时上下大小一致，腰部的缩褶量根据臀部的松量决定，后腰中线下降1 cm。

② 喇叭形碎褶裙

由于其裙摆呈喇叭状，根据斜裙制图时，裙腰曲度越大裙摆也越大的原理，抽褶量直接在腰部加上后进行制图。

③ 抽褶量的决定：抽褶量的多少是根据款式及面料的厚薄决定的。同样的抽褶量因其面料风格的不同，其外观效果是不一样的。图2–4–6是不同面料抽褶量的计算方法，在实际运用时，应根据体型、面料的幅宽等因素综合考虑，加以增减。

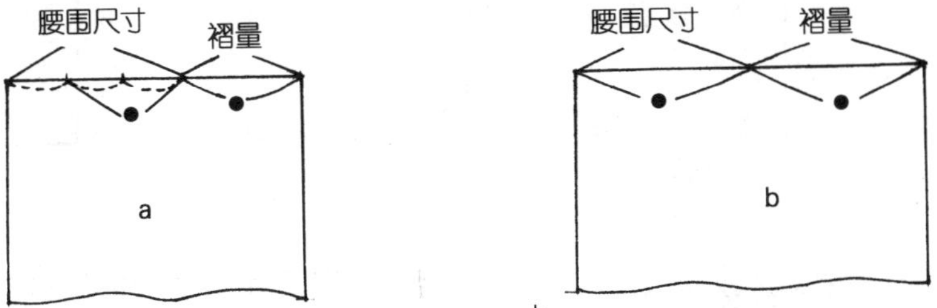

a.
1.7倍 { 一般毛料（粗花呢、华达呢等）
厚棉布（牛仔布、凸纹布等）

b.
2倍 { 薄形毛料（乔赛、印花薄毛料等）
中厚棉布（绒面呢、棉缎等）
丝绸（塔夫绸、云纹绸等）

图 2–4–6 不同面料抽褶量的计算方法（一）

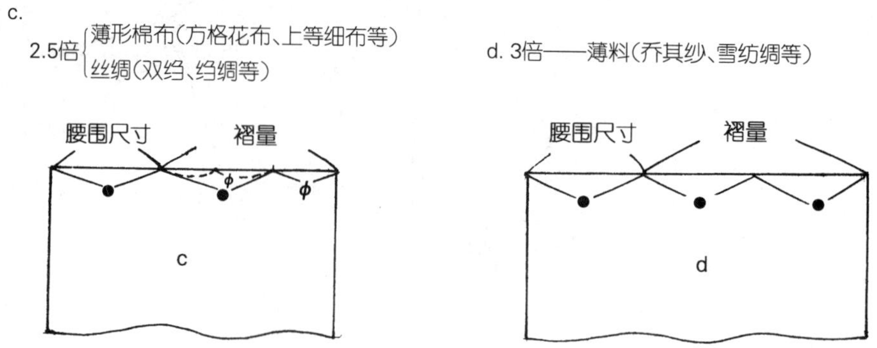

图2-4-6　不同面料抽褶量的计算方法（二）

（2）缩褶裙——B款（见图2-4-7）

此款裙子前中线上部的抽褶量，一部分是从腰省转移得到的，另外一部分是通过剪开的方法增加的。制图步骤及要点如下：

① 以原型裙为基型，考虑行走的功能性及穿脱的方便，后中下部开衩，上口拉链开口。前片通过中线将省尖作一剪开线，以便使腰省转移到中线上形成一部分的抽褶量。另外的抽褶量再从中线处作三条剪开线得到。

② 将剪开线剪开，放入抽褶的量，同时修顺侧缝线和前中线。要注意，前中线的弧线要往外凸些，以保证褶皱的美观。

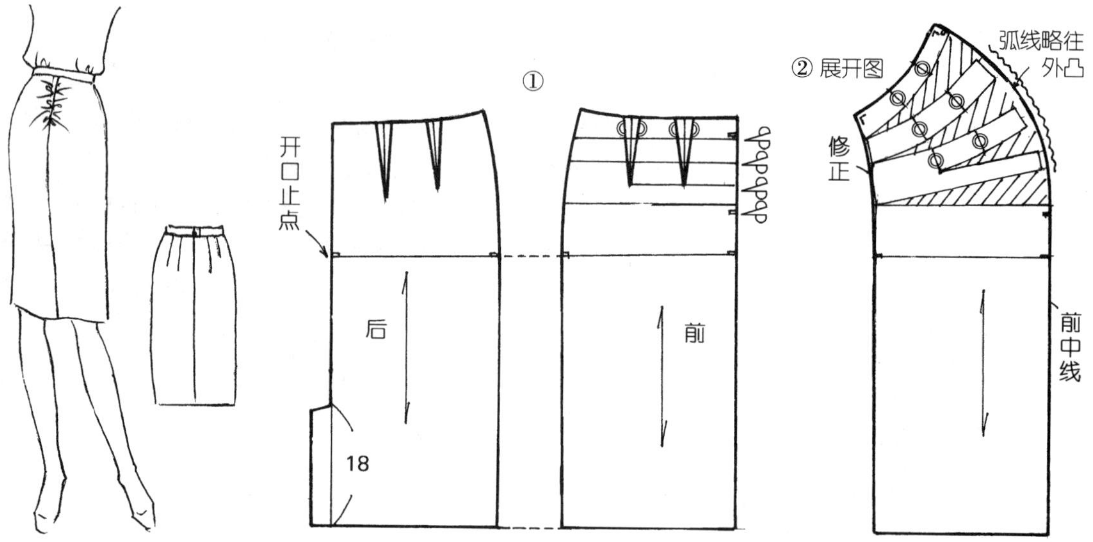

图2-4-7　缩褶裙——B款

二、规律裙

规律裙的制图原理是：① 处于臀腹部的规律褶，要将腰省在各褶裥中均匀地加以分配处理，以保证臀腹部分合体、平整；② 通常情况下，每个褶的褶量应从上到下，平行追加，以使布丝方向与每一个褶保持一致,若是条格面料更应这样处理;③ 各个褶裥应熨烫定型,以保证外形美观。面料应选择具有良好热可塑性(易于定型)的涤纶混纺织物或薄型毛料等。

1. 百褶裙(见图2-4-8)

百褶裙给人以流动性的美感,褶的多少视喜好而定,褶的数量多会有时髦的感觉,褶的数量少给人以青春、活泼之感。本款采用24个褶裥,制图步骤及要点如下:

① 以半身进行制图,半臀围的放松量为3 cm(考虑基本运动量,褶重叠量和布的厚度),后中腰线下降1 cm,侧缝处上翘0.7 cm。然后将臀围线12等分(全身24等分),确定褶裥的位置,得到每个明褶的量。最后定下省尖位置的线条。

② 确定省量,并均匀分配到每个褶位线中。

③ 将褶位线剪开,平行放入暗褶的量,暗褶量的大小可根据喜

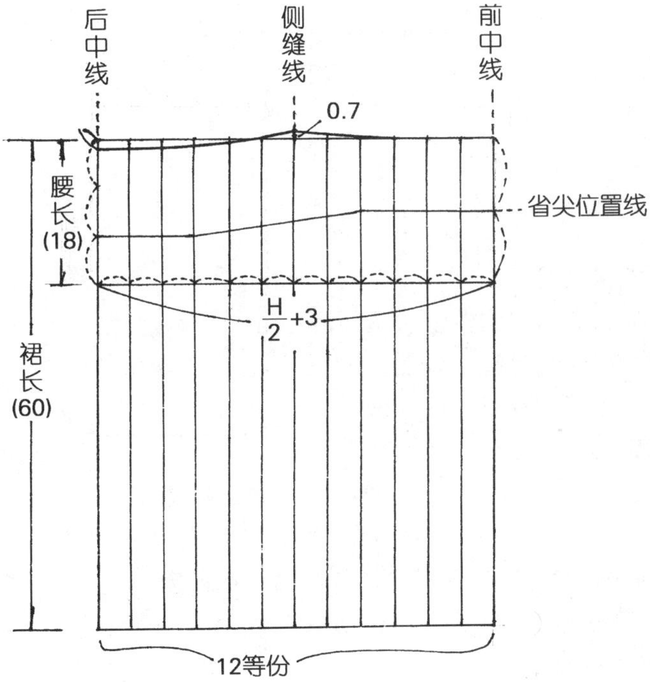

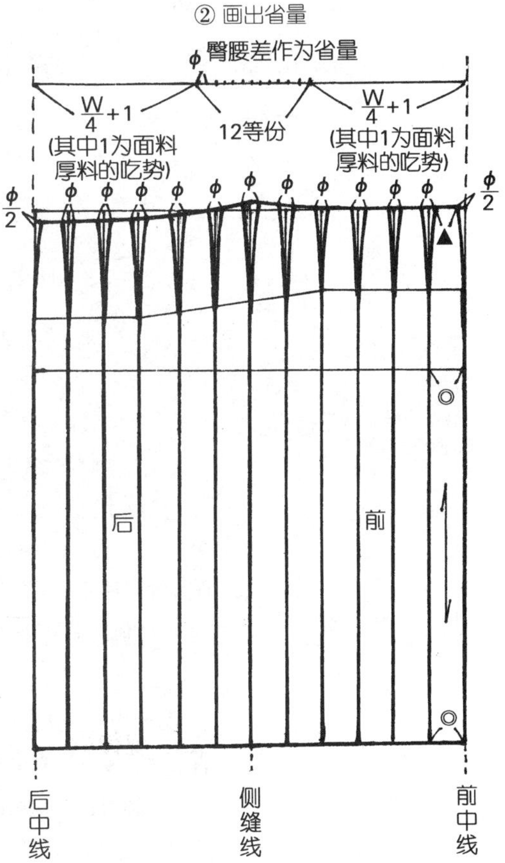

图2-4-8 百褶裙

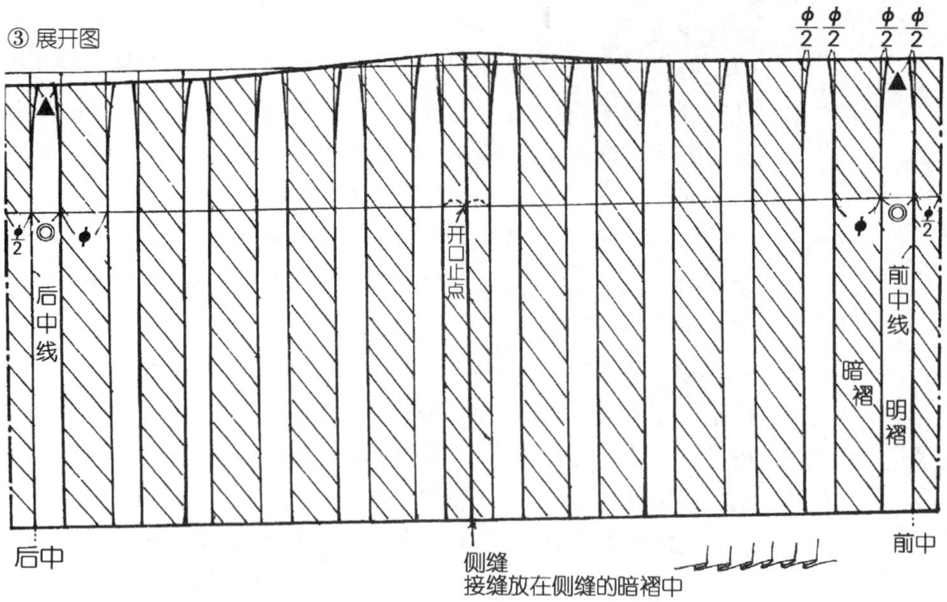

图2–4–8　百褶裙

好而定。一般情况下，在臀围线位置起不超过明褶量的两倍。但在用布量有限的情况下，从面料的幅宽中减去明褶量、缝头量和腰头宽的量，余下的作为暗褶量（见图2–4–9）。

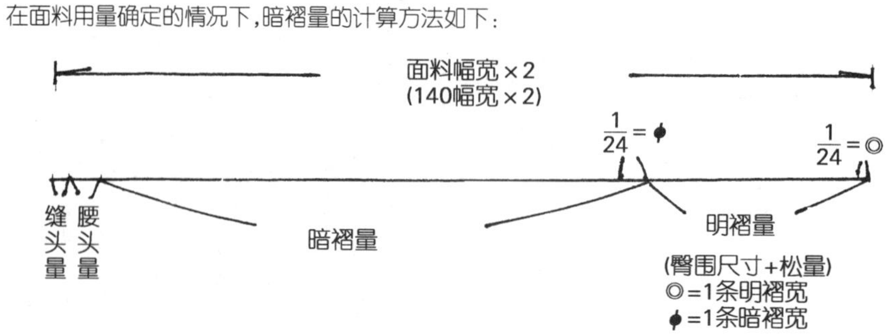

图2–4–9　暗褶量计算法

2. *倒褶裙*（见图2–4–10）

此款在两侧设有倒褶，褶的数量可根据喜好和风格，选择1~3个。也可以在后片设有褶裥，这样活动更方便，很适合作为学生的制服。面料应选择挺实的薄型毛料和易于定型的化纤等。

制图步骤和要点：

① 先作出合体裙，在臀围的松量中，考虑到褶裥的厚度，前片要多放一些。根据款式的要求，后片设有一个省，前片的褶裥应考虑将省量放入，两个褶裥放两个省，省尖在中臀围线附近逐渐消失。

② 在褶位线上放入褶量，暗褶量在臀围线处放9 cm，注意：尽量使暗褶量不要与臀部重叠。

里布直接使用①图中的样板（不包括暗褶量），在两侧开衩。

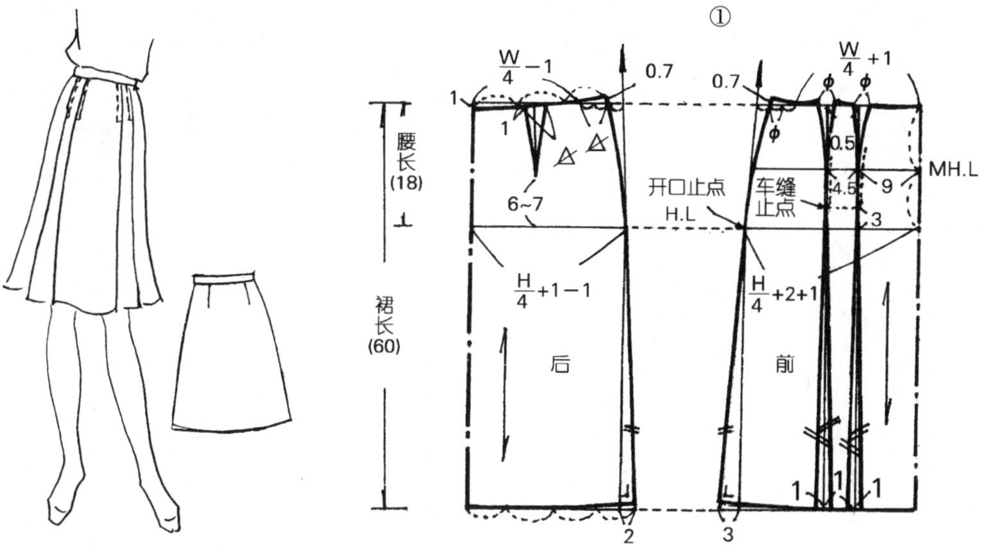

图2-4-10　倒褶裙

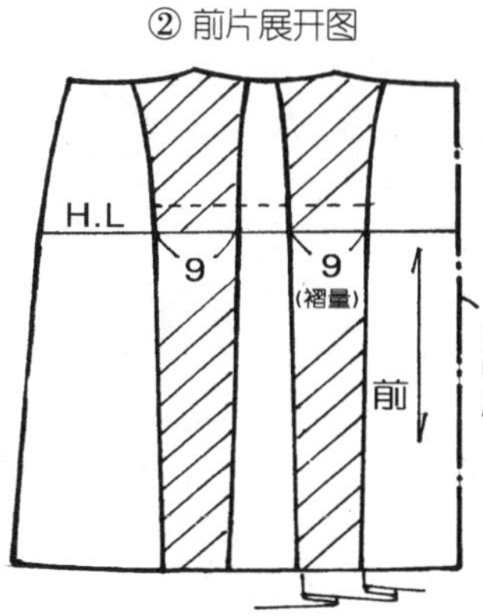

3. 分割与褶裥组合裙(见图2-4-11)

此款裙型采用育克分割与褶裥相结合的设计,具有青春、运动之感。

制图步骤及要点:

① 利用原型裙,先确定育克分割线和褶裥的位置。

② 剪开育克分割线,闭合省道,修顺上下弧线。然后在褶位线上平行放入暗褶量,注意:由于育克分割线只用了腰省的一部分,在分割线以下的省量未能转移,故这部分的省量应在暗褶中均匀放入。

图 2-4-11

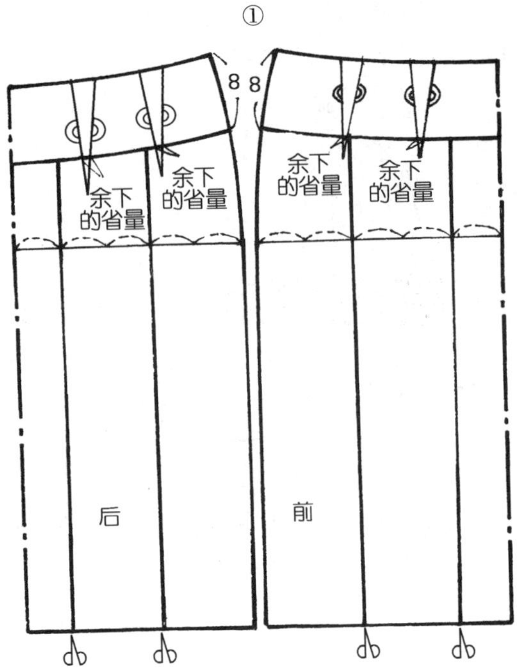

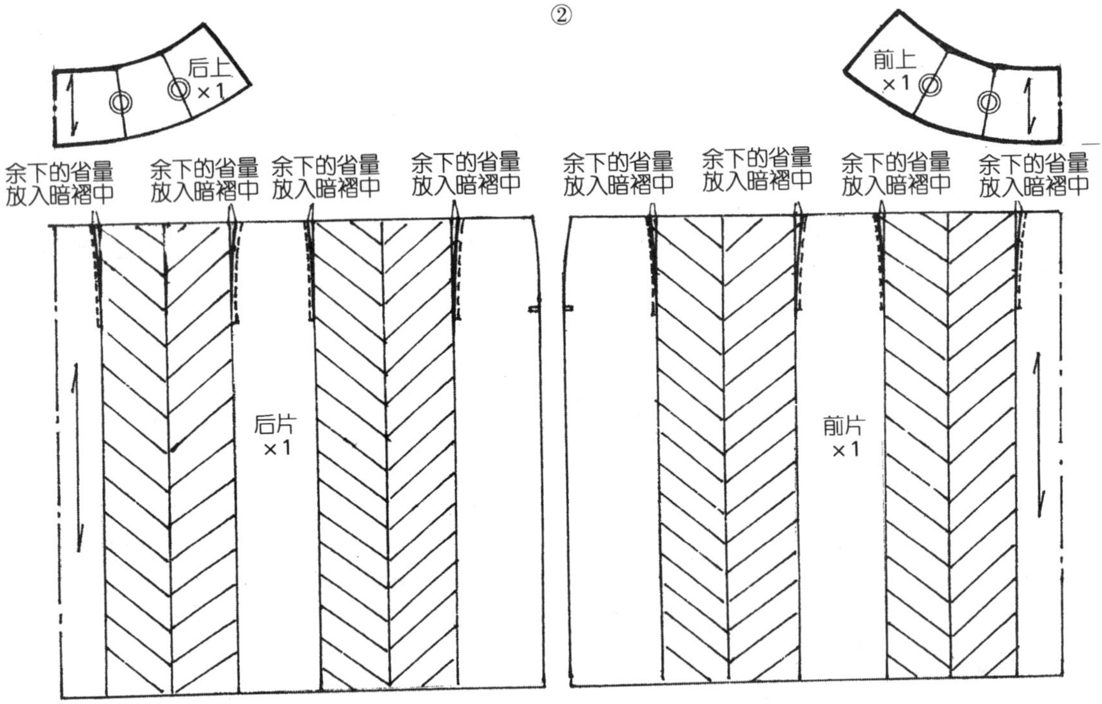

图2-4-11　分割与褶裥组合裙

第三章　裙子裁剪应用实例

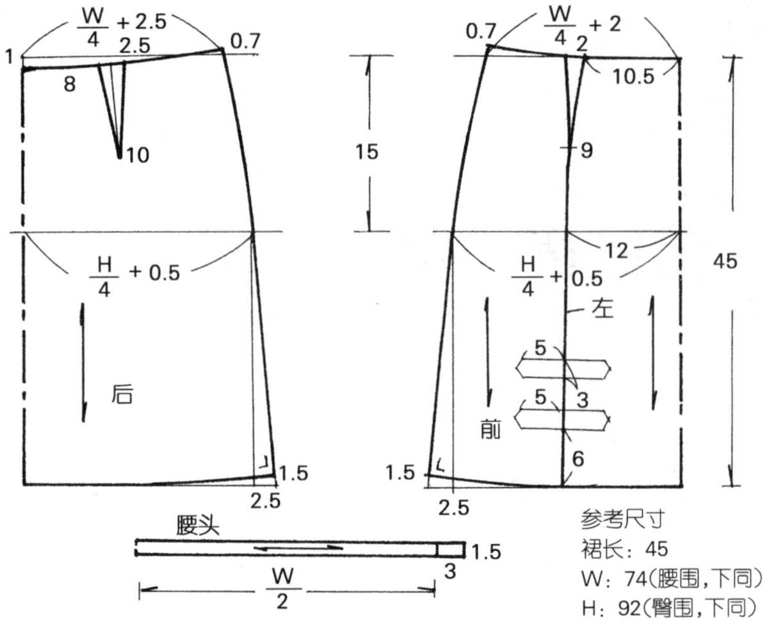

该款式为时尚超短裙，前裙片左侧开衩处可用皮革装饰，腰带也可用皮革类手工编织进行装饰。面料可选用适中厚度的牛仔布、皮革等，适合时尚前卫的女性穿着。

图3-1

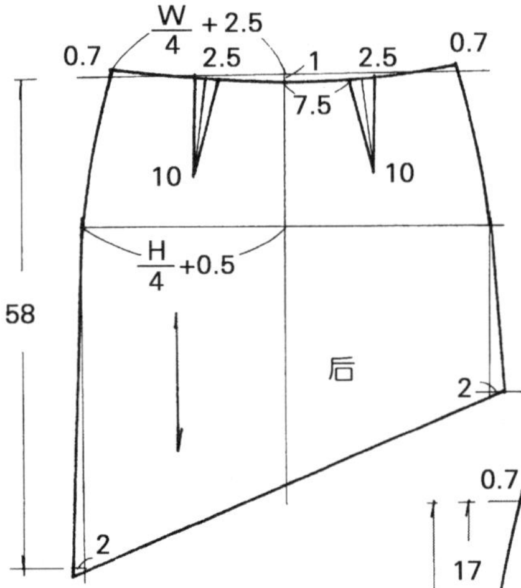

该款式采用不对称设计，通过斜向下摆的构成与前左侧弧线开衩更显少女飘逸、浪漫之美，宜选用垂性好且柔软的面料。

参考尺寸
裙长：58
W：70
H：92

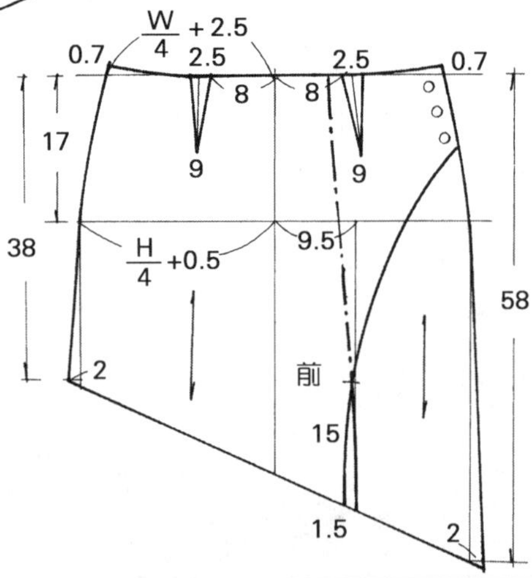

图3-2

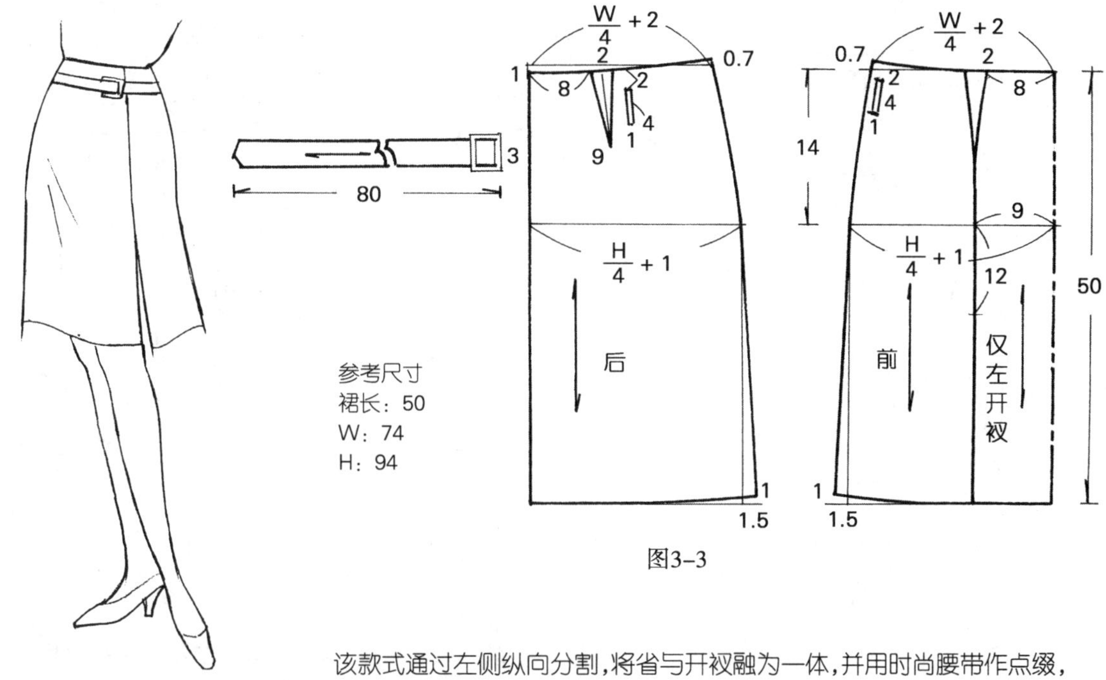

参考尺寸
裙长：50
W：74
H：94

图3-3

该款式通过左侧纵向分割，将省与开衩融为一体，并用时尚腰带作点缀，给人以随意、休闲的美感。

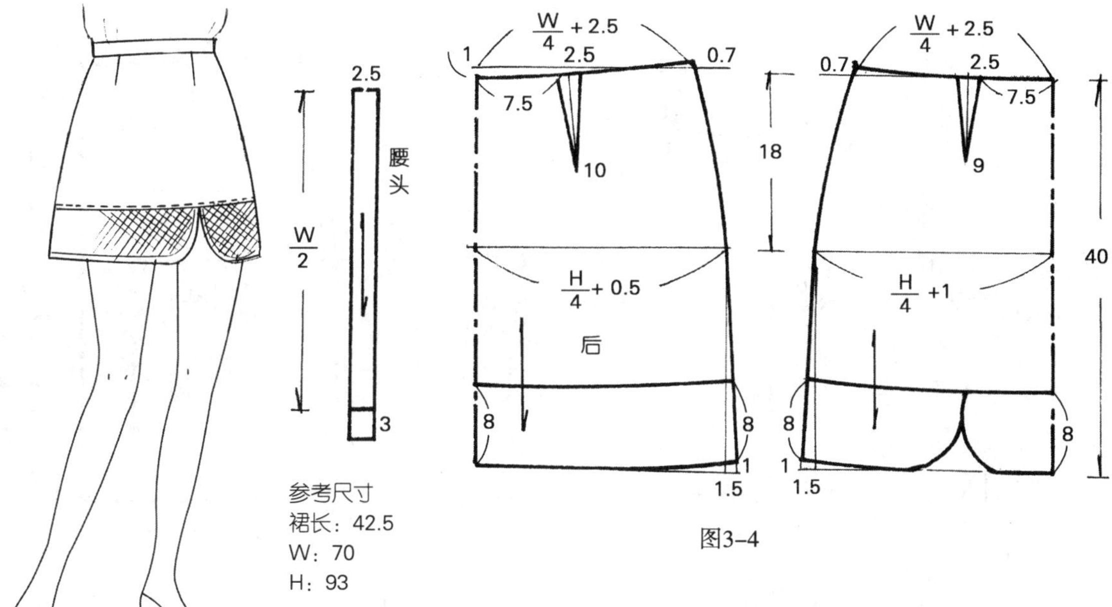

参考尺寸
裙长：42.5
W：70
H：93

图3-4

该款式为迷你超短裙中作横向分割，通过下摆前中曲线的设计，更显少女修长的大腿。下摆如用别布会有不同的韵味。

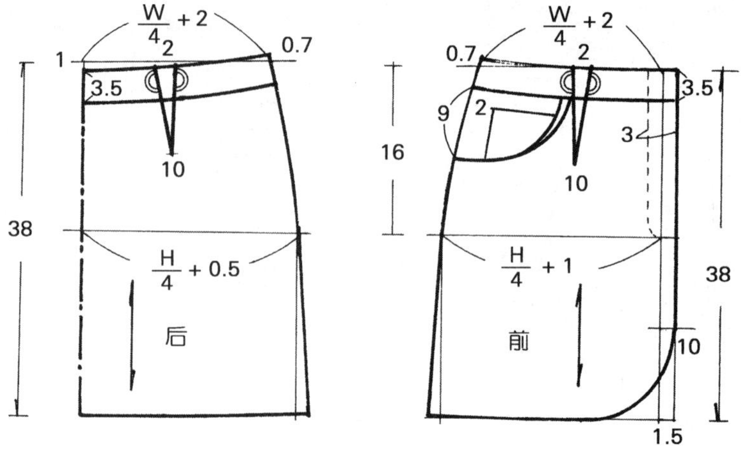

参考尺寸
裙长：38
W：72
H：93

图3-5

该款式具有牛仔装的风格，前开襟腰带可通过纸样合并后裁剪，将更符合人体机能性，并可缉明线装饰。

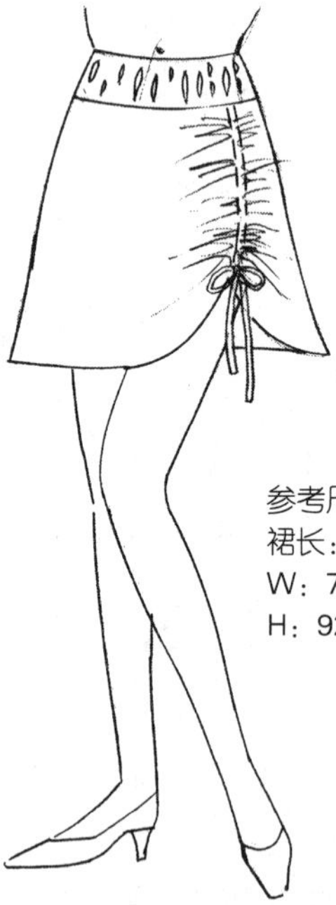

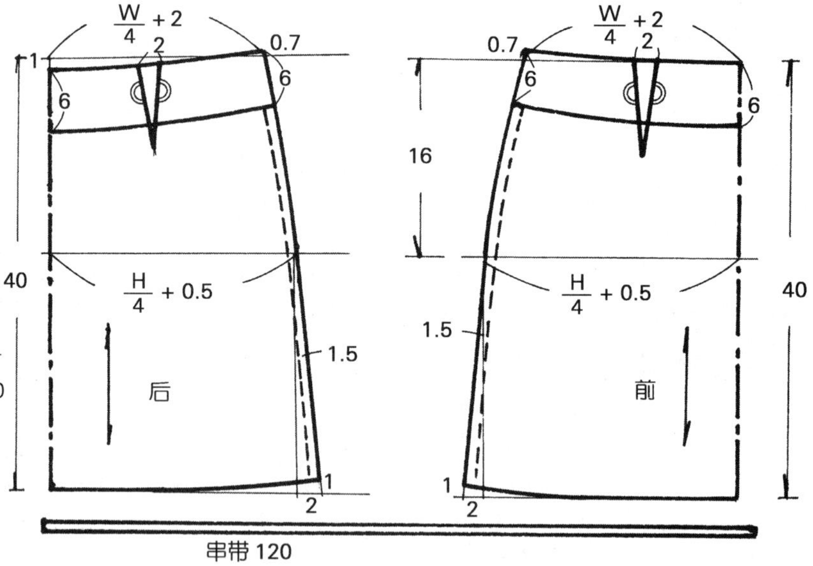

参考尺寸
裙长：40
W：74
H：92

图3-6

该款式是较为流行的侧缝抽带为设计元素的裙子。通过细带抽缩产生丰富而多变的侧缝与下摆，腰部采用低腰育克分割，并可绣以珠片、亮片等，体现俏丽迷人的现代风格。

该款是经剪接变化的A字形超短喇叭裙，即育克式横向曲线设计，腰上部横向分割须先将省道合并后裁剪，裙摆通过纸样剪开，前后各放出10 cm，从而增加了下摆的波浪，丰富了裙子的造型。

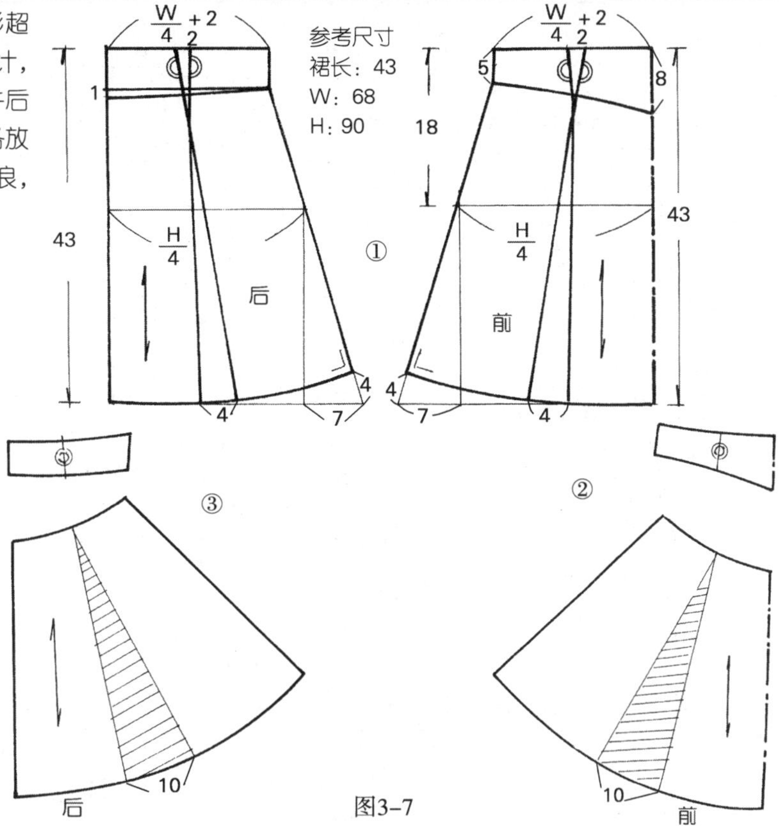

图3–7

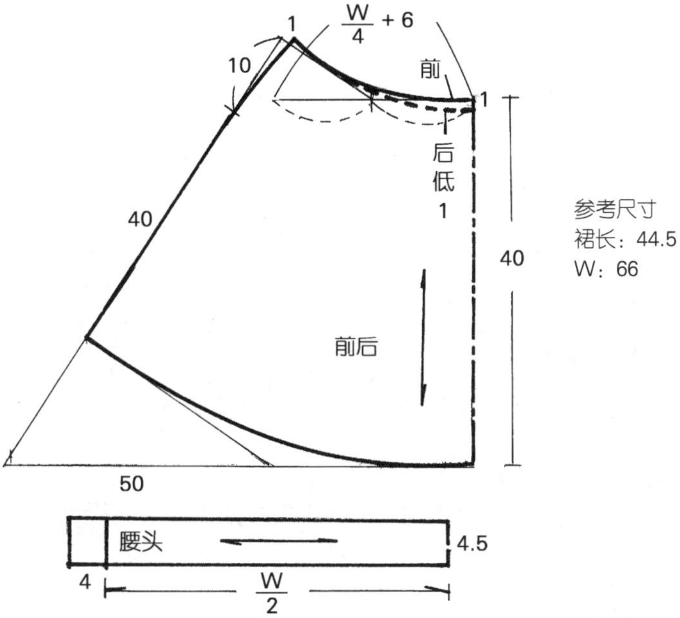

该款为在腰部抽褶裥的斜裙，开口拉链可放在右侧缝，后裙片纸样在前裙片的基础上，后中低落1 cm，该款式能较好地展示女性苗条的身姿。

图3–8

参考尺寸
裙长：40
W：68
H：92

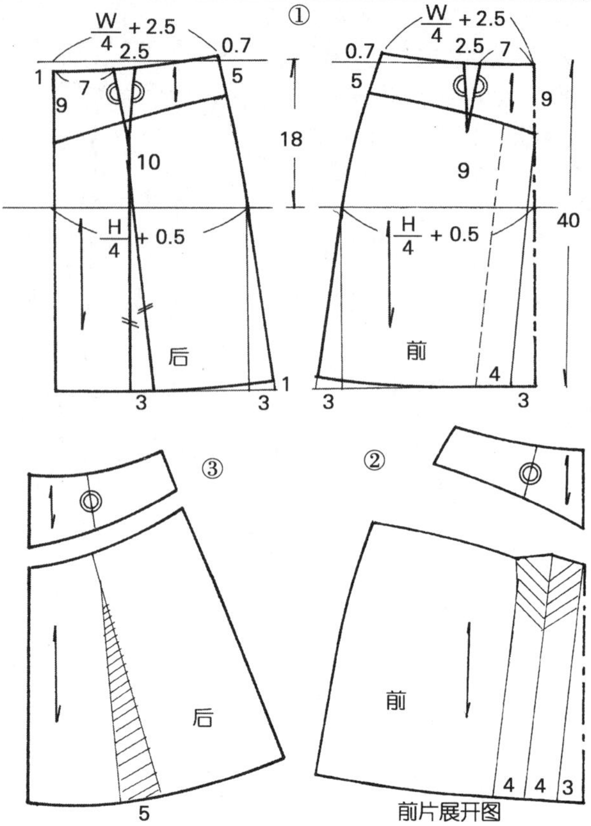

这是一款育克形式分割的超短裙。前后裙片的上部可用别布来增添裙形的美感，前中线为一暗裥，若隐若现，显示出少女的活泼可爱和婀娜多姿的美感。注：前裙片须放出褶裥量。

图3-9

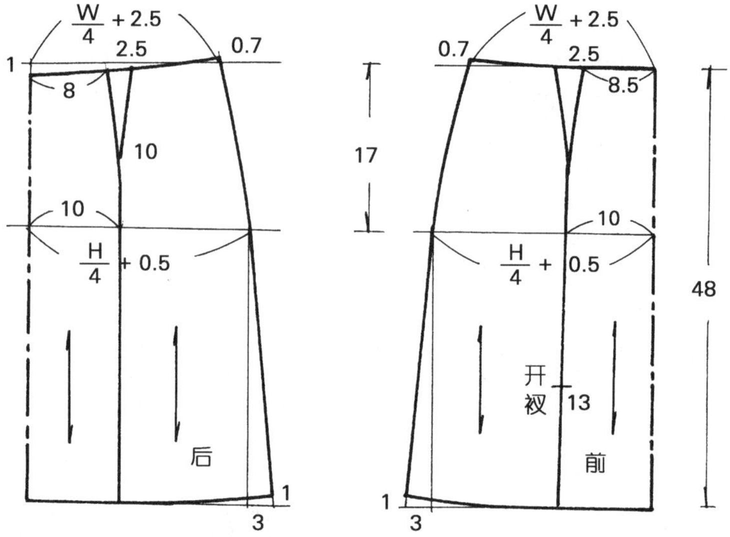

图3-10

参考尺寸
裙长：48
W：68
H：92

这是一款通过竖线分割将腰省融入到分割线中的超短裙。无腰，开襟可处理在左侧分割线之中，下摆处开一小衩，增添了裙子的机能性和女性的魅力。

参考尺寸
裙长：55
W：68
H：92

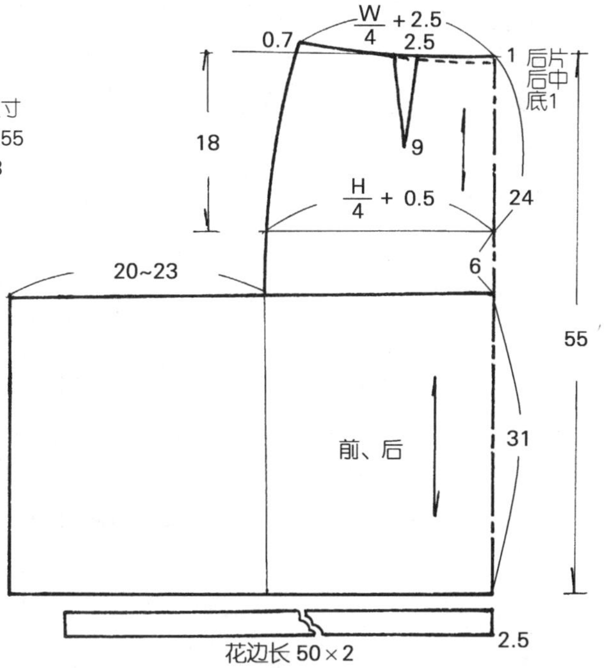

图3-11

这是一款无腰、相对合体的节裙。在上、下节相拼合处缝碎褶飞边或本色布制成的荷叶边，显得优雅妩媚，极具女性风采，后裙片是在前裙的基础上后中低1 cm。

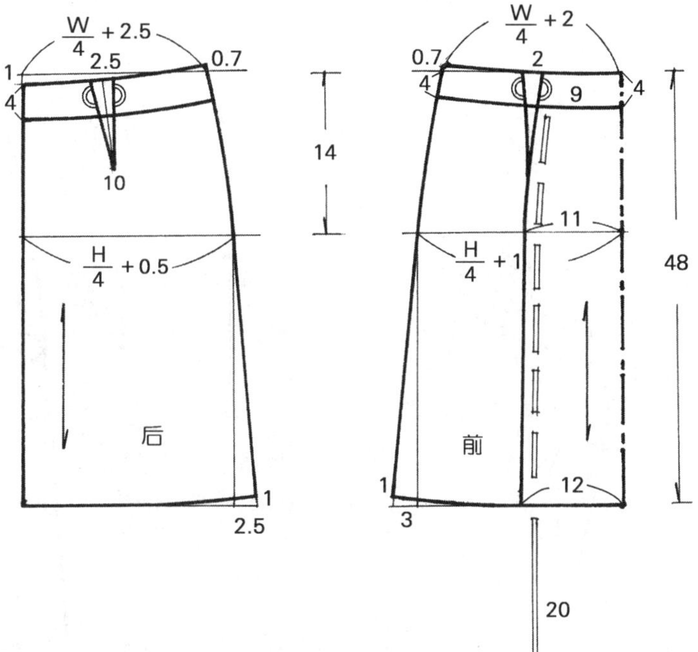

参考尺寸
裙长：48
W：76
H：93

图3-12

这是一款低腰、紧身、略带A型短裙。其特色是在竖线分割线两侧，运用皮革、串带作点缀，具有时尚、休闲之美感。注意腰部纸样拼合后裁剪。

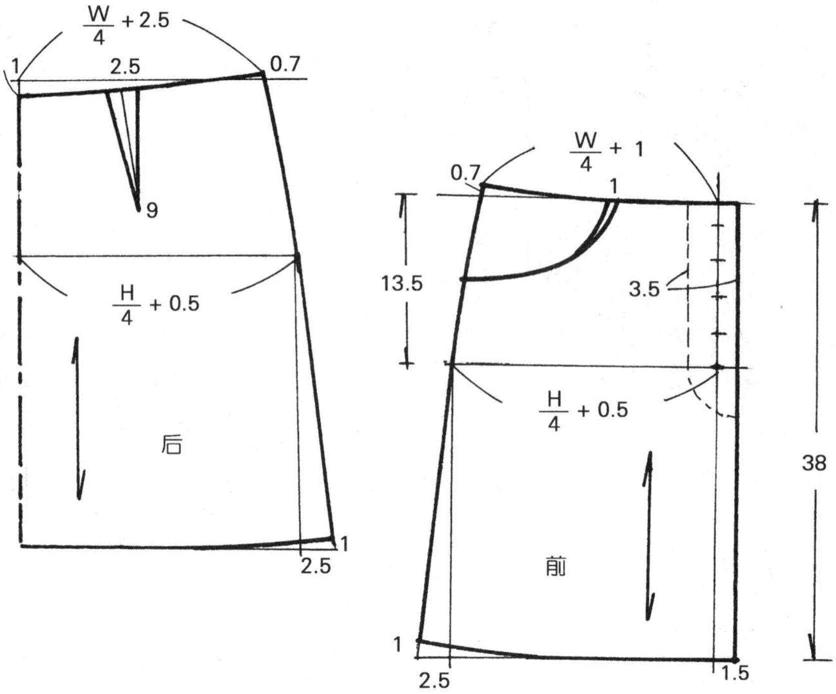

参考尺寸
裙长：38
W：74
H：92

图3-13

这是一款极具诱惑力的超短裙，低腰、合体。并通过绣花与前中开襟串系带，充分展示了女性特有的迷人魅力。

参考尺寸
裙长：48
W：74
H：92

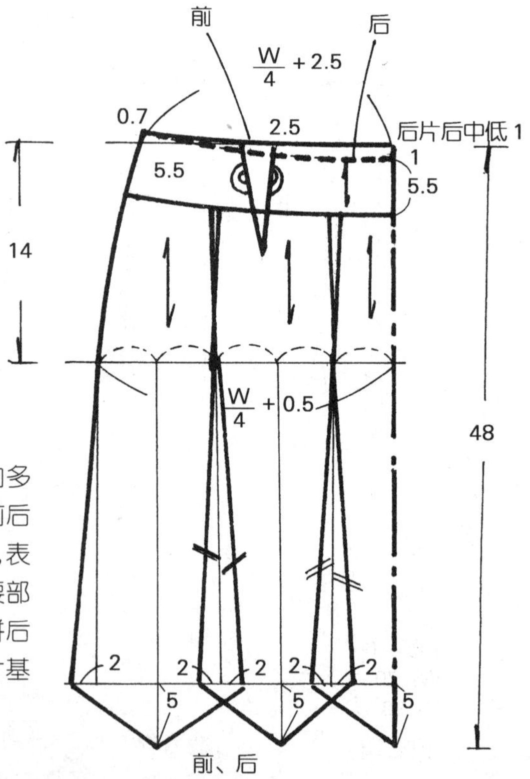

这是一款育克与竖向多片分割而成的时装裙。前后共10片，下摆设计成尖角，表现出少女优美的体态，腰部育克通过纸样省道的合拼后裁剪，后裙片是在前裙片基础上低下1 cm。

图3-14

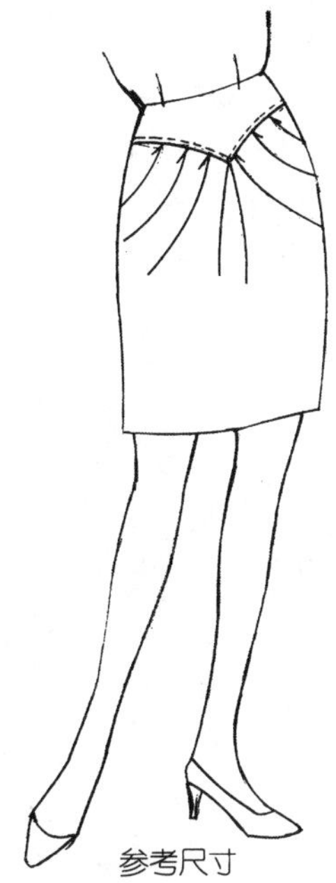

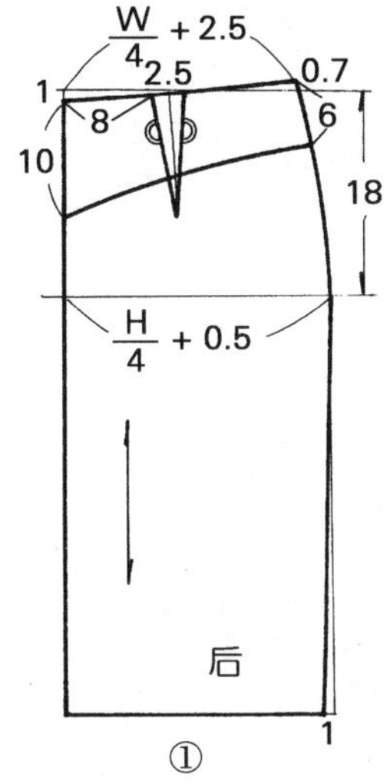

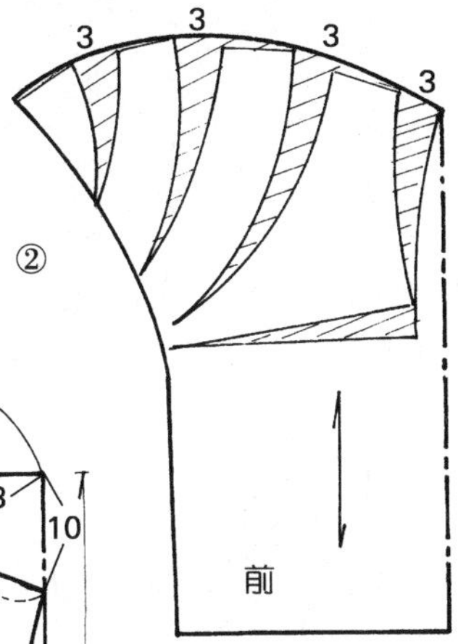

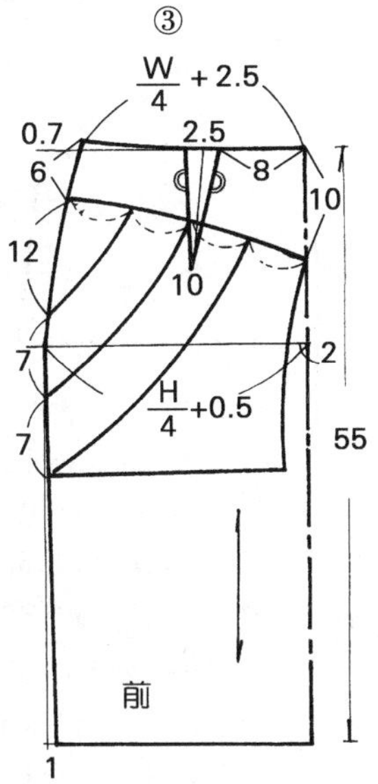

参考尺寸
裙长：55
W：72
H：92

图3–15

该款式是育克与弧线褶裥相结合的紧身直裙。育克以下的弧线裥量可通过纸样剪开且展开。如图：请注意前裙片左右弧线褶裥的对称。

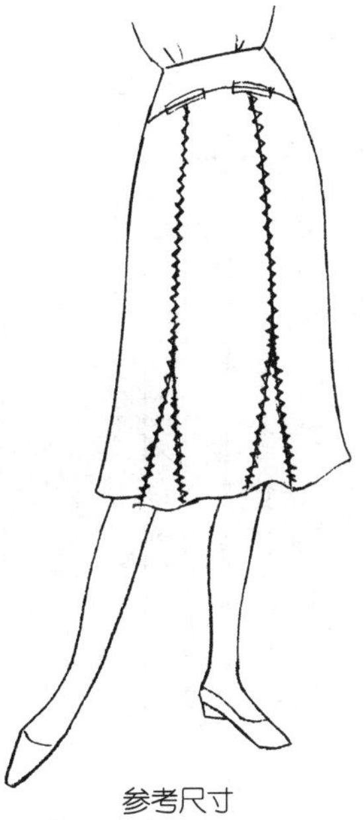

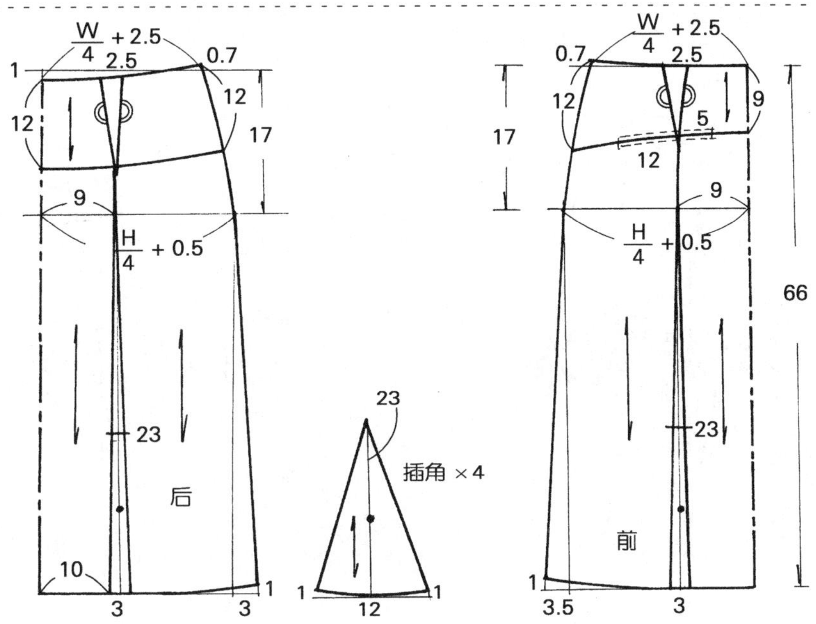

参考尺寸
裙长：66
W：70
H：92

图3–16

这是一款育克与纵向分割相结合而变化的A形及膝裙。其特点是巧妙地将左右两挖袋设计在前片育克中，以及竖线分割中加入三角形插角，并利用缉“Z”字形装饰线给人以洒脱随意、别具风采的美感。

参考尺寸
裙长：73
W：68
H：93

图3-17

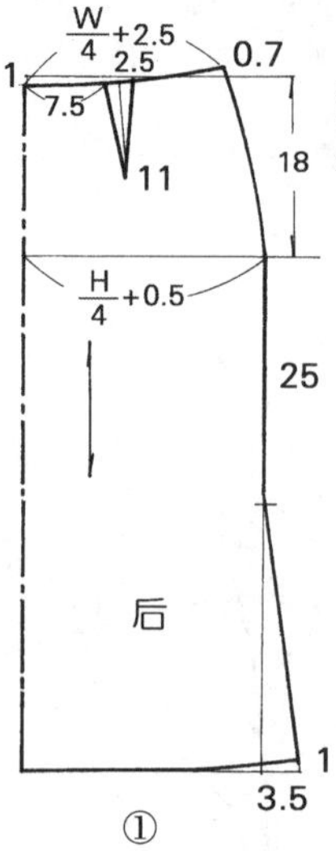

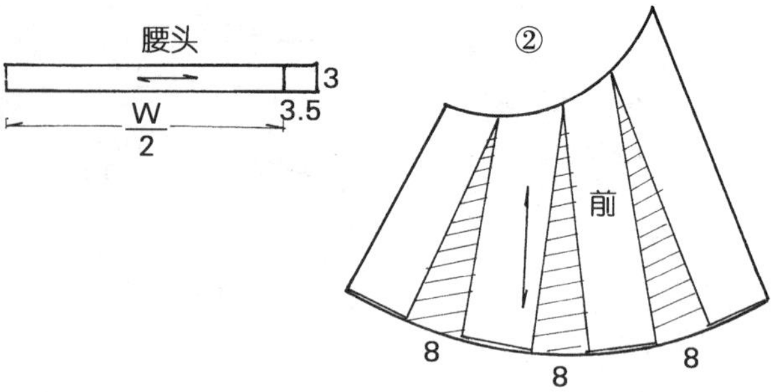

该款式以偏门襟与不对称造型的设计。在偏门襟上部钉纽扣，既能扣合门襟，又具装饰美感，前右片下部裁片，通过纸样切开，增加裙摆量，使裙摆形成自然波浪，使裙形舒展流畅，穿着秀丽优雅。面料宜选择悬垂性较好的棉绸、麻纱等。

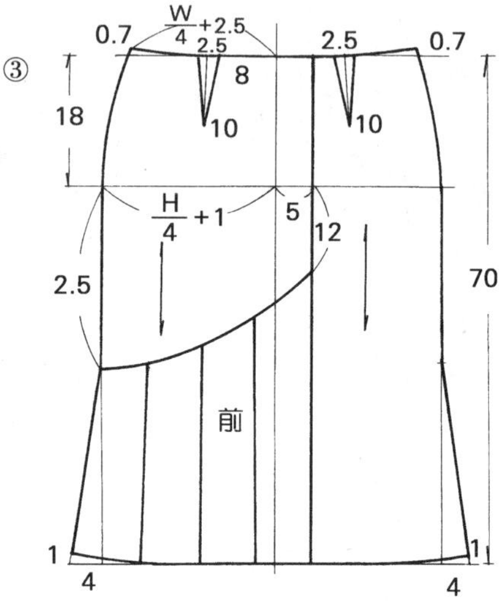

参考尺寸
裙长：55
W：74
H：94

这是一款低腰，竖线分割为特色的十片裙。造型简洁流畅，裙摆采用半圆弧线设计给人以典雅、浪漫的韵律美。后裙片是在前裙片基础上后中低1 cm。

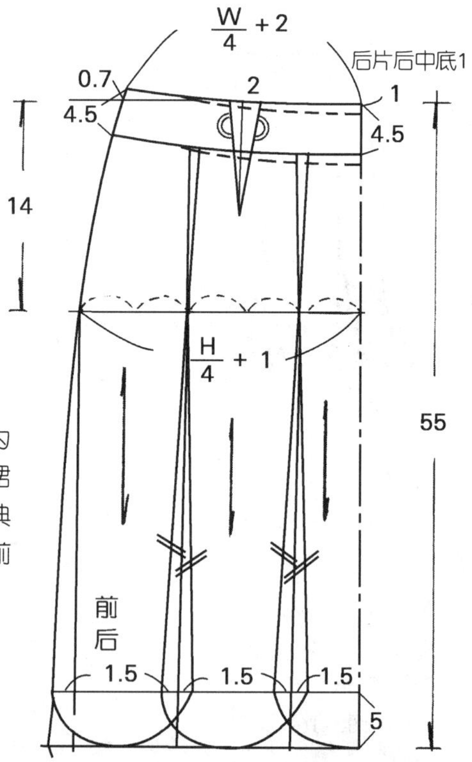

图3-18

图3-19

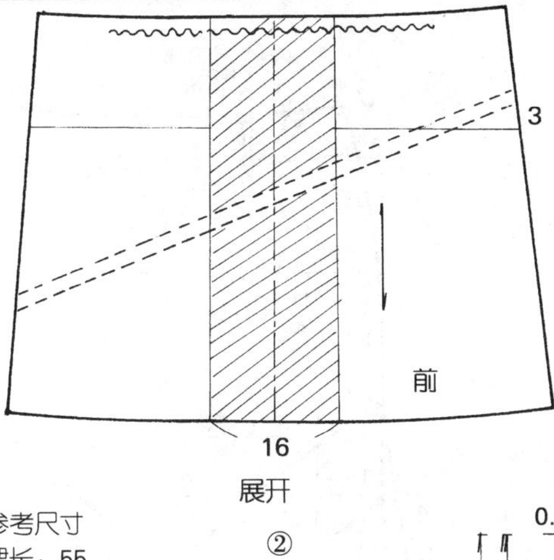

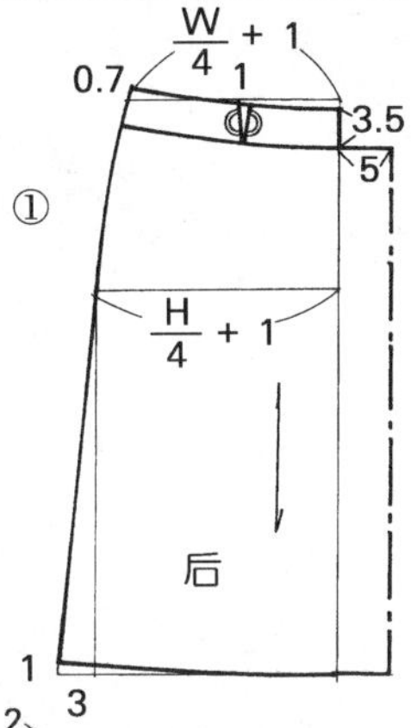

参考尺寸
裙长：55
W：74
H：90+18=108

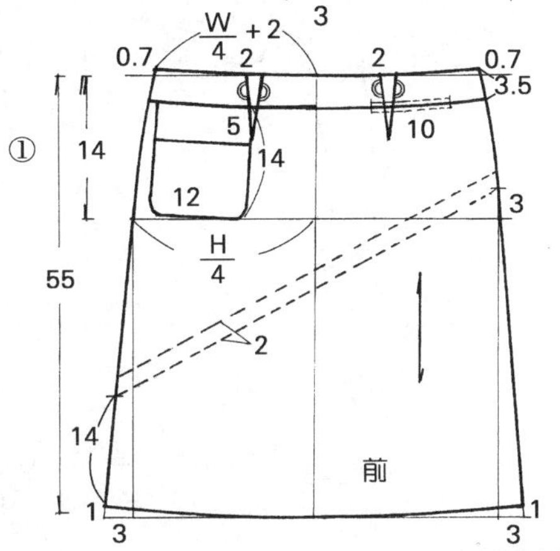

这是一款低腰、腰部加抽褶的短裙。前裙片运用不同口袋设计。为产生适当的抽带缩量，通过纸样平行展开，适合少女穿着，更显活泼可爱。

图3-20

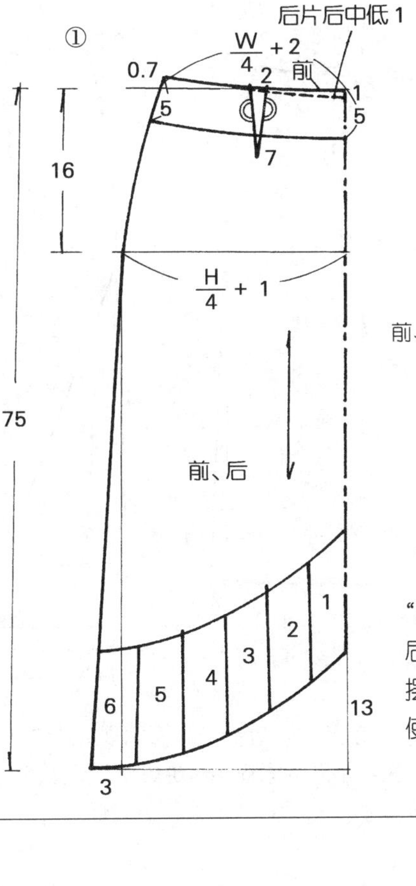

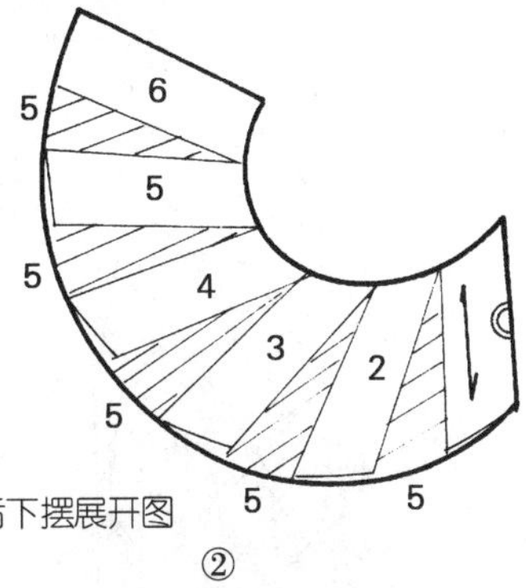

参考尺寸
裙长：75
W：72
H：94

这是一款具有淑女味的中长“A”字形裙子。腰部通过合拼省道后裁剪，腰的表面可以绣花装饰，下摆采用曲线设计，并通过纸样展开，使裙下摆展宽飘逸。

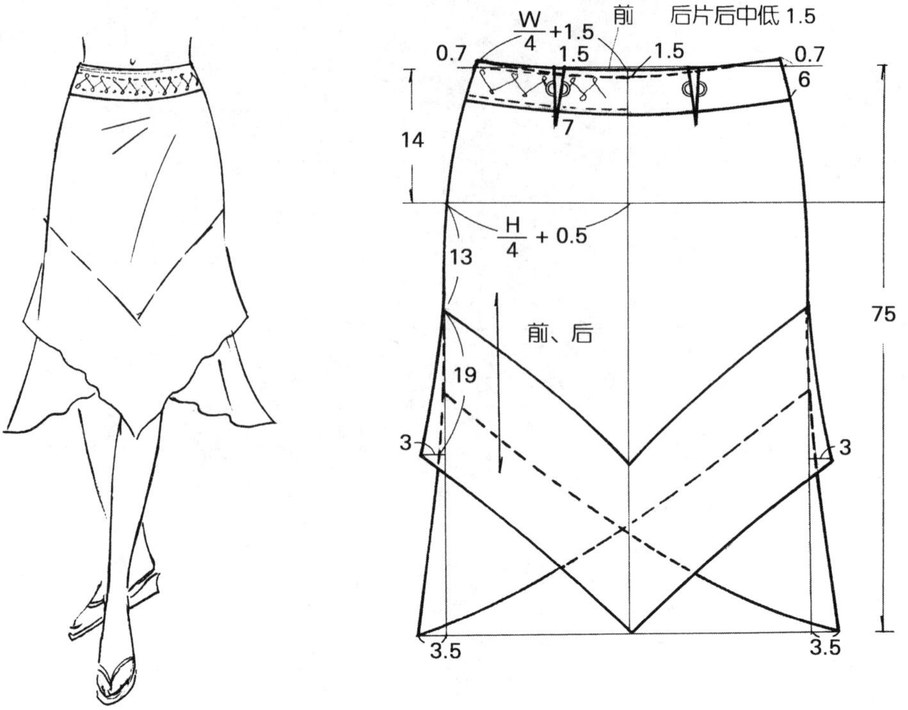

参考尺寸
裙长：75
W：74
H：92

图3-21

这是一款低腰、育克与多层裙片和多种曲线组合的过膝裙。面料宜选择悬垂性强的透明印花真丝乔其纱或蕾丝等。（后裙是在前裙片基础上后中低1.5 cm）

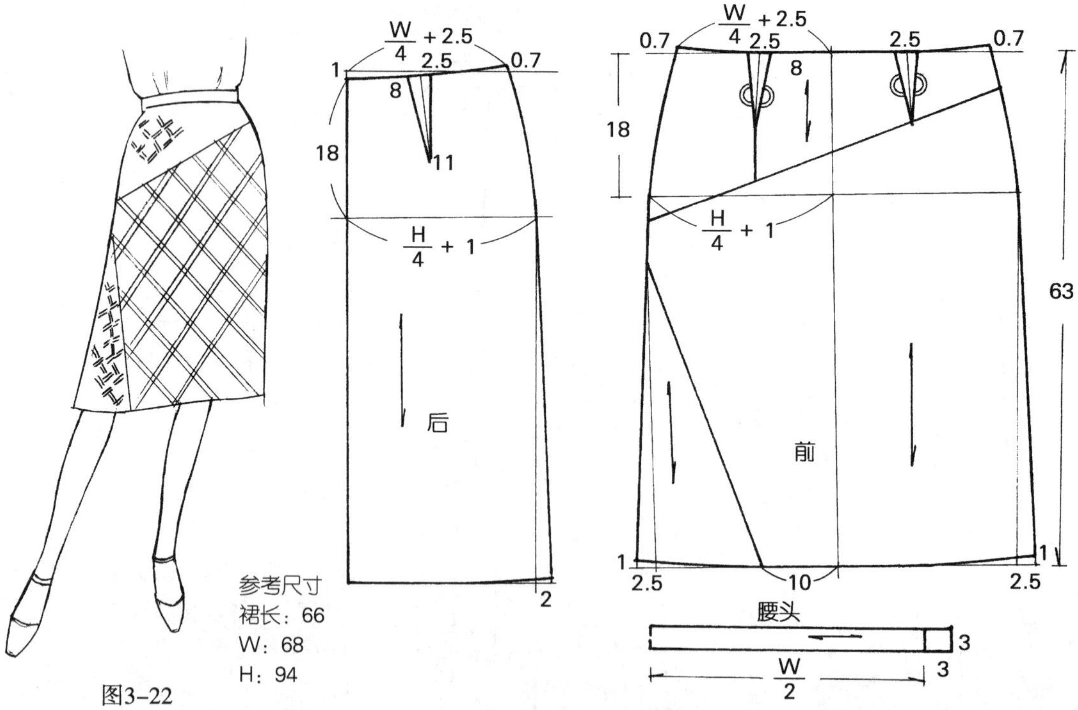

参考尺寸
裙长：66
W：68
H：94

图3-22

该款是育克与斜线分割相结合的设计，前腰省通过省位的转移，既符合人体机能，又使款式简洁大方。采用不同的面料相拼更具新颖别致的韵味。

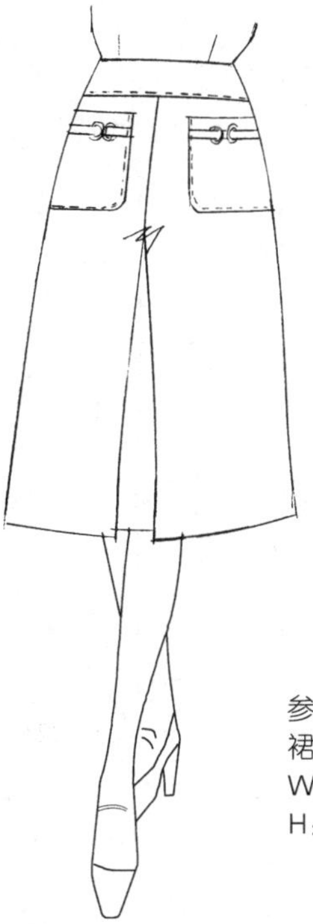

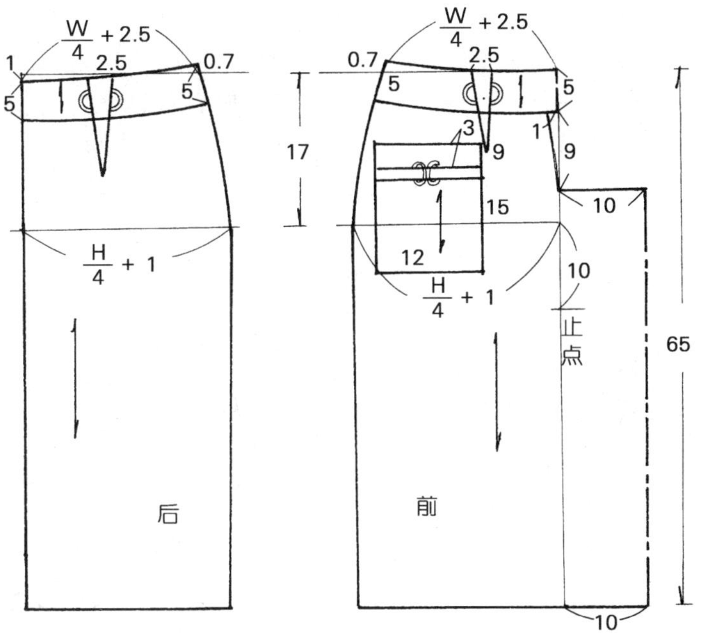

参考尺寸
裙长：65
W：70
H：94

该款式是在传统的西服裙基础上加以适当变化，前片左右两贴袋与前中大暗褶相呼应，给人以轻松而喜悦的美感。

图3-23

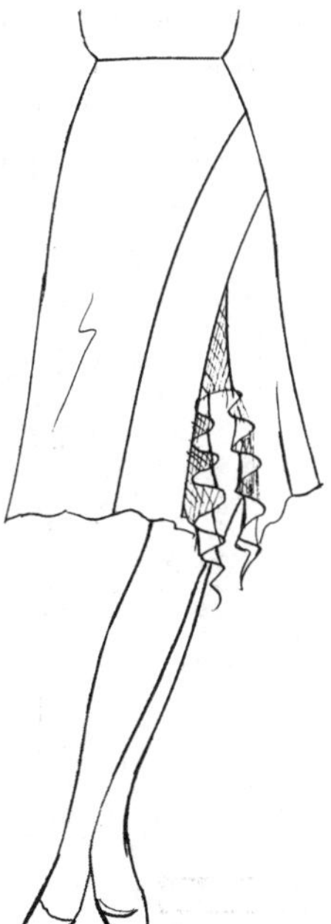

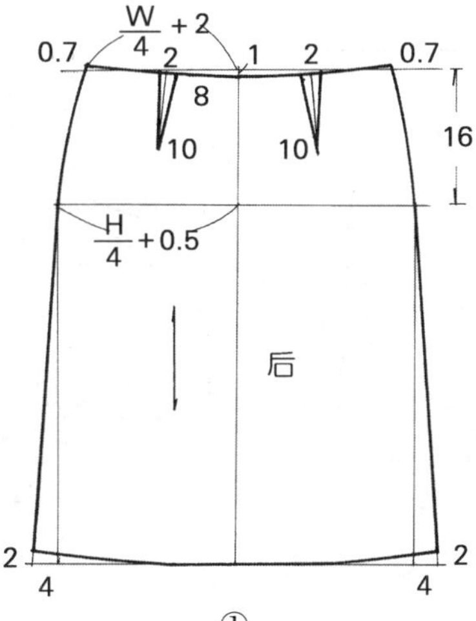

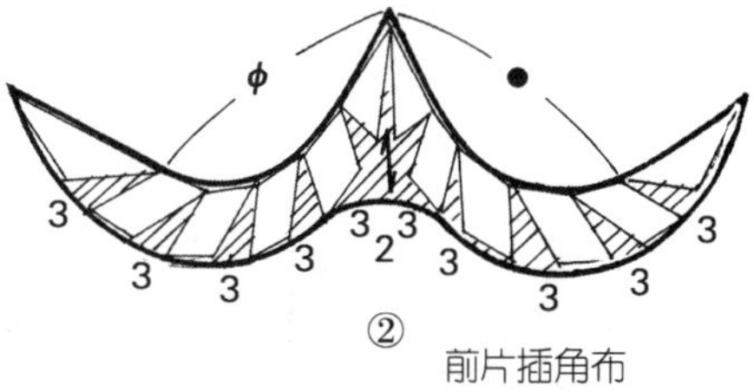

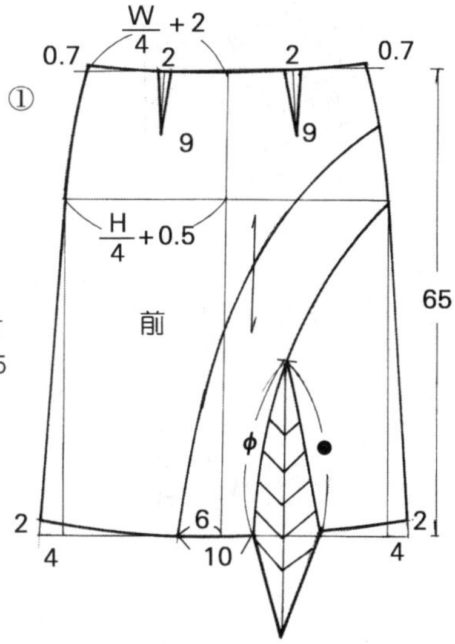

参考尺寸
裙长：65
W：72
H：92

此款式是用斜弧线作分割设计的无腰及膝裙。前左开衩处可用本色布或蕾丝等进行相拼，体现了细腻精巧的淑女风格。

图3-24

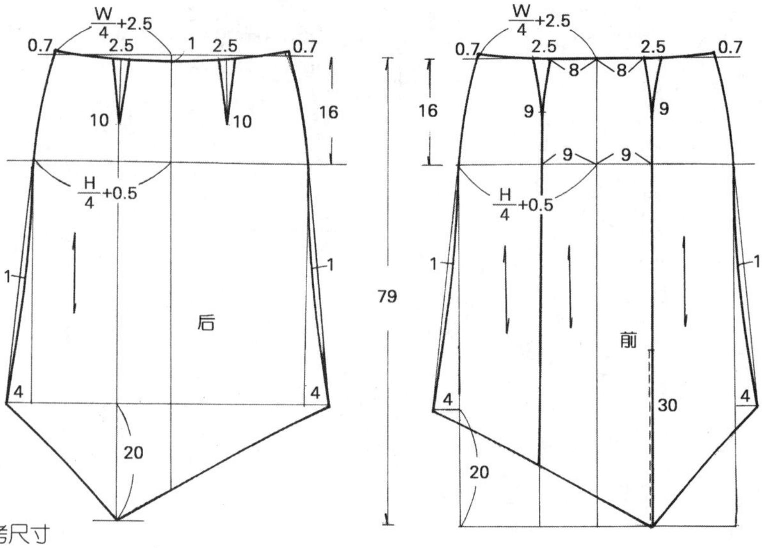

参考尺寸
裙长：79
W：72
H：92

图3–25

此款式是运用竖线分割和无腰头的设计，并采用了不对称的下摆与开衩，具有时尚和别致的美感。

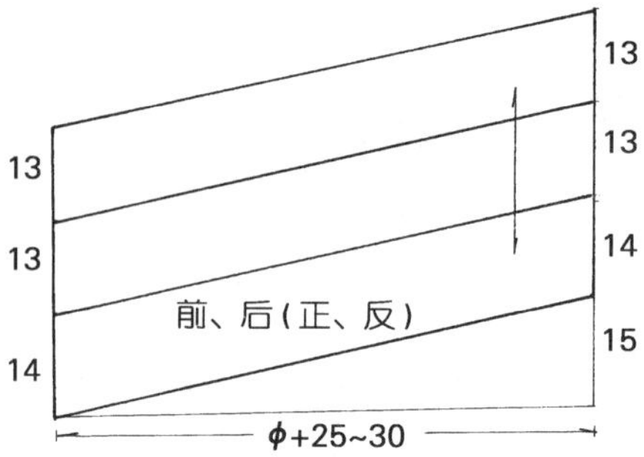

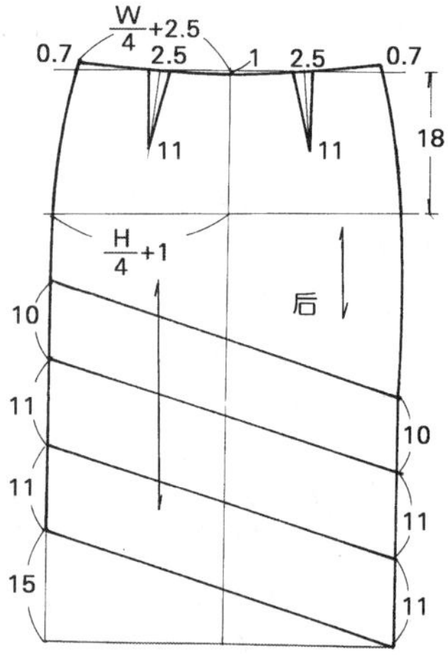

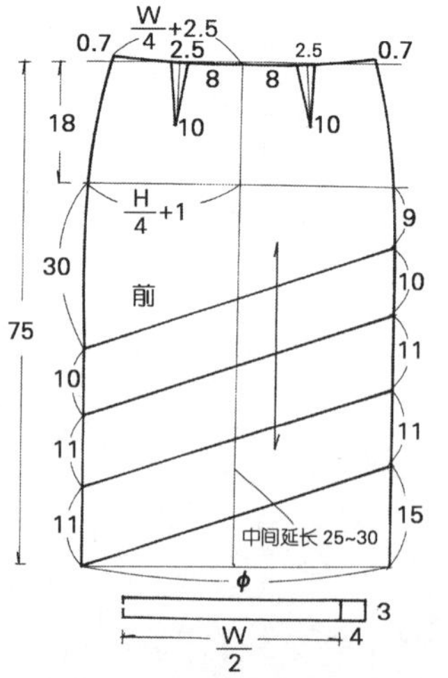

此款式是合体裙与斜向抽褶分割线的节裙设计，下部抽褶量可根据纸样平行延长所获得，如图在剪接处上端分割线边缘绣以珠片，能给人以柔美而温馨的感觉。

参考尺寸
裙长：78
W：68
H：94

图3–26

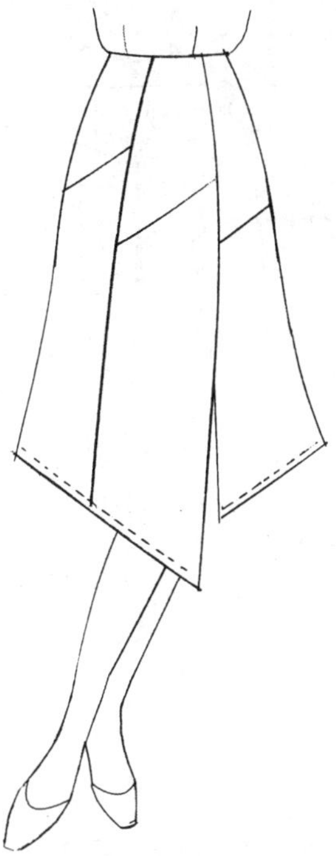

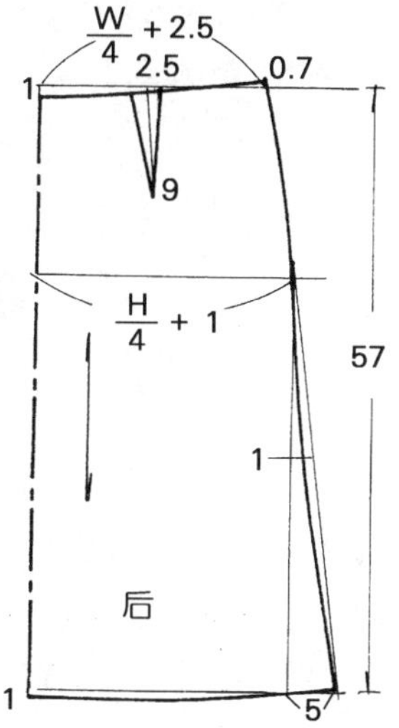

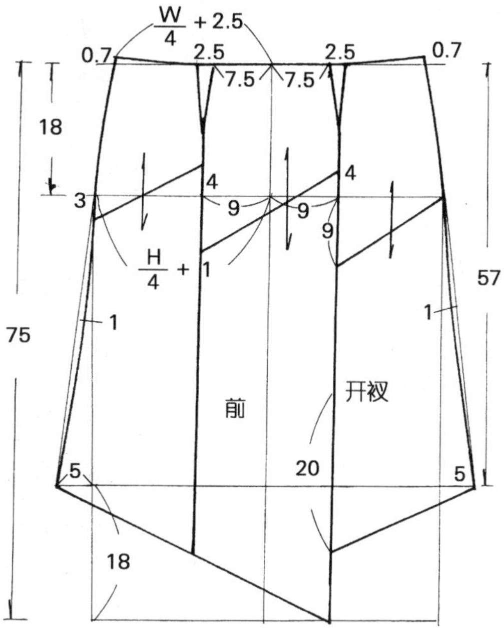

参考尺寸
裙长：75
W：70
H：94

图3–27

此款式是竖线与斜线交叉组合的设计。无腰、合体，下摆适当的展开并在前裙片下摆处作一开衩，体现了时尚的审美意念。

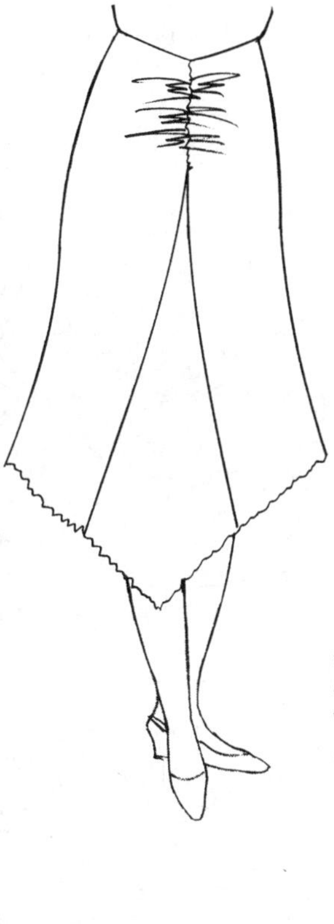

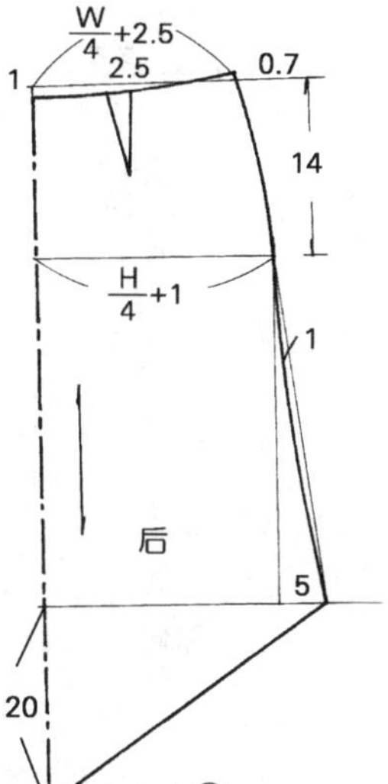

①

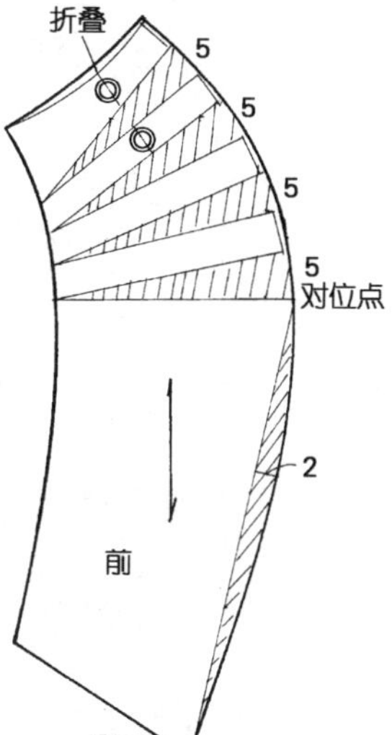

②

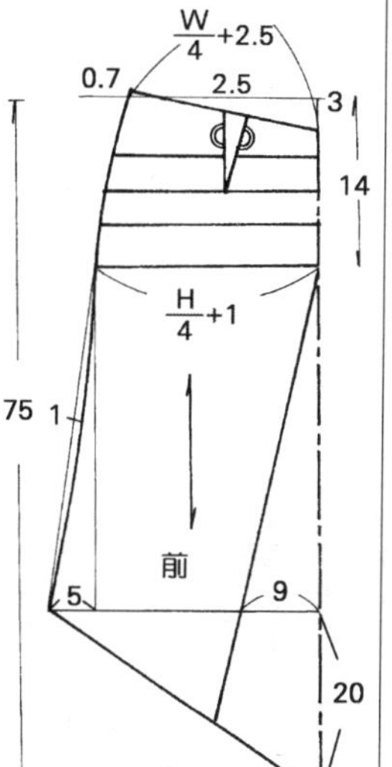

①

参考尺寸
裙长：75
W：72
H：94

图3–28

该款式为低腰、前中线抽褶的半紧身裙。前腰省量转移到了前中线，在制作样板时，抽褶要用对位符号根据腹凸的对应部位标出抽褶区域，并用圆顺的曲线连接，后片的结构和紧身裙基本相同。

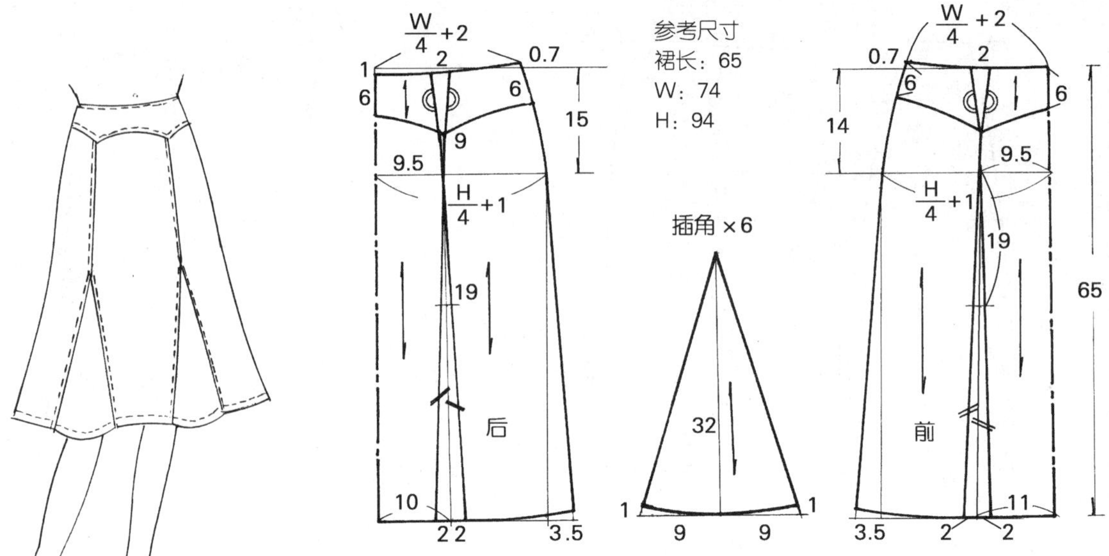

图3-29

此款式是育克与竖线分割相组合的设计。下摆加三角插角，不仅增大了裙摆的活动量，而且在外形上更富于线形美感。面料可选择薄型毛料、化纤或牛仔布等。

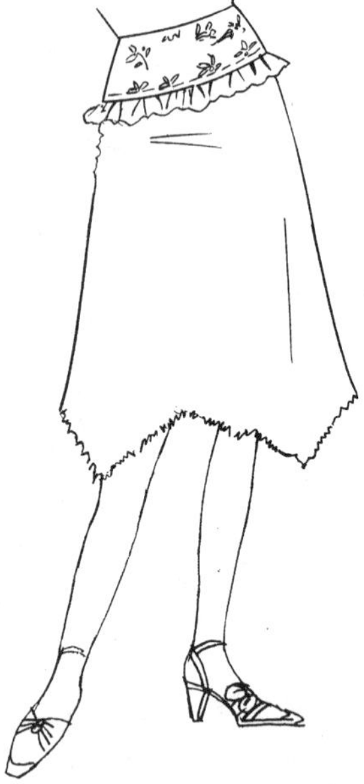

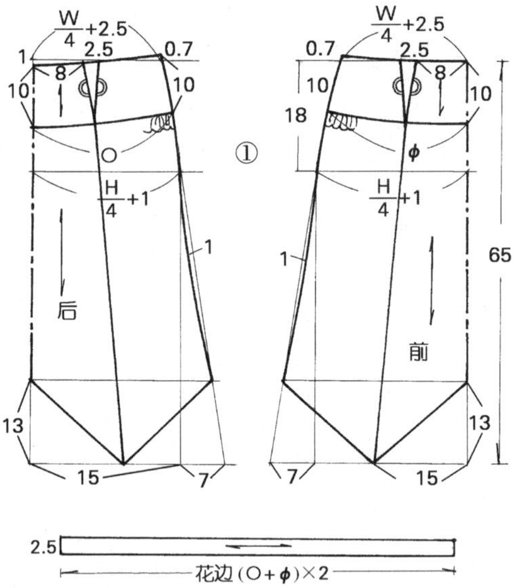

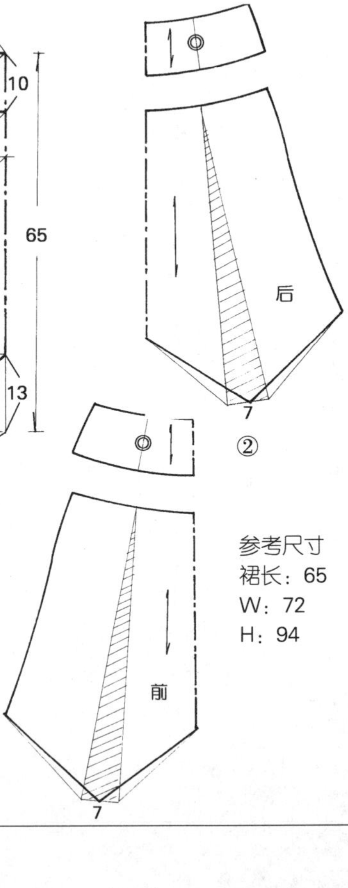

参考尺寸
裙长：65
W：72
H：94

这是一款很有时尚感的少女裙。腰部育克处加以花边或荷叶边作点缀，裙摆采用当今流行的方角形设计，显示出女性多姿多彩的装饰风格。

图3-30

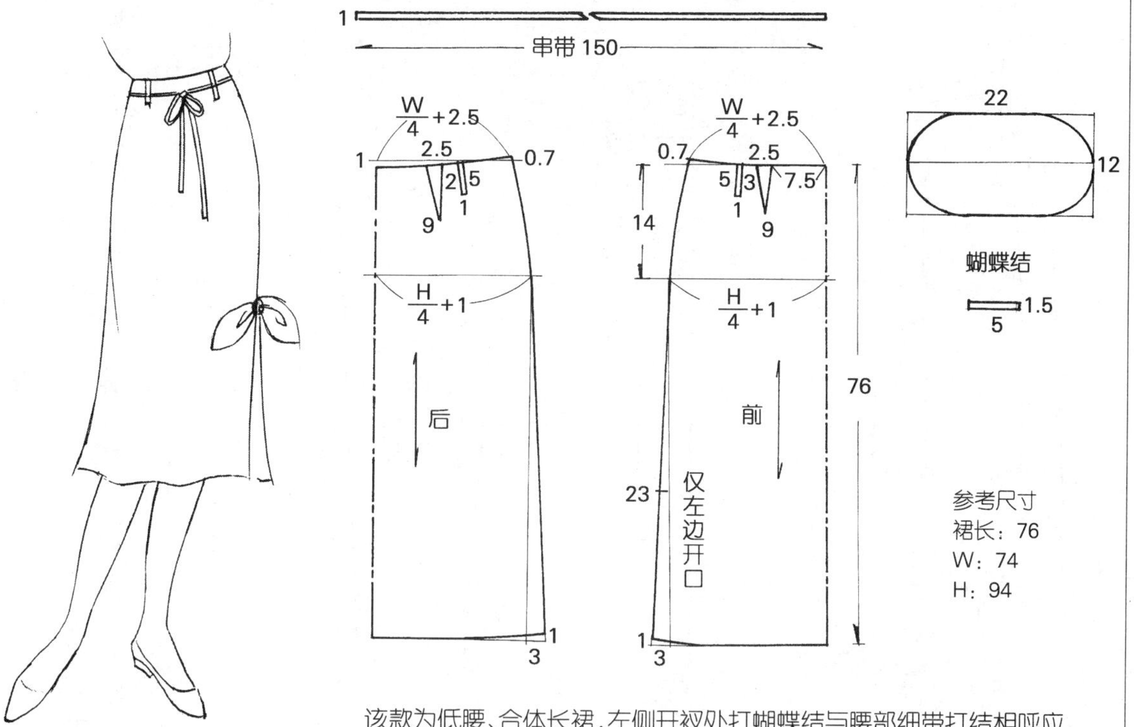

图3-31

该款为低腰、合体长裙，左侧开衩处打蝴蝶结与腰部细带打结相呼应，典雅而女性味十足。

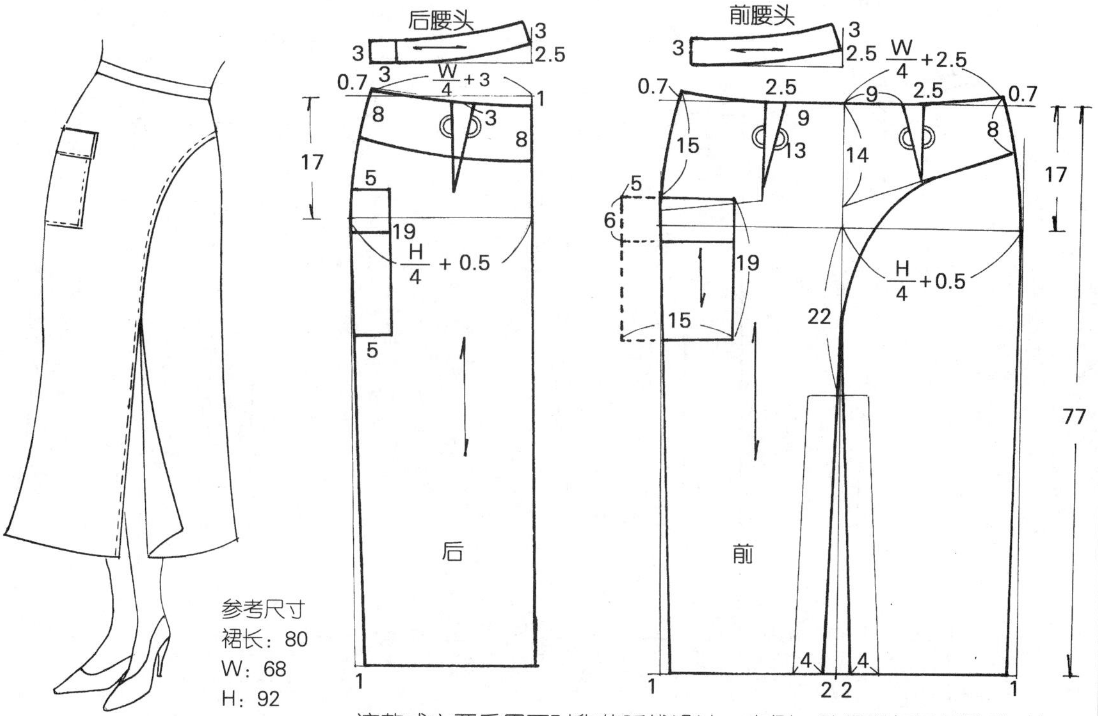

图3-32

该款式主要采用不对称的弧线设计。右侧一贴袋增加了其动感，前中开衩便于行走，请注意纸样省道合并后再裁剪。

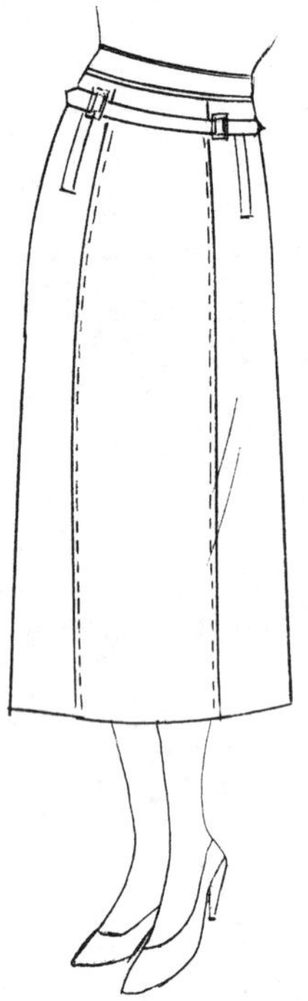

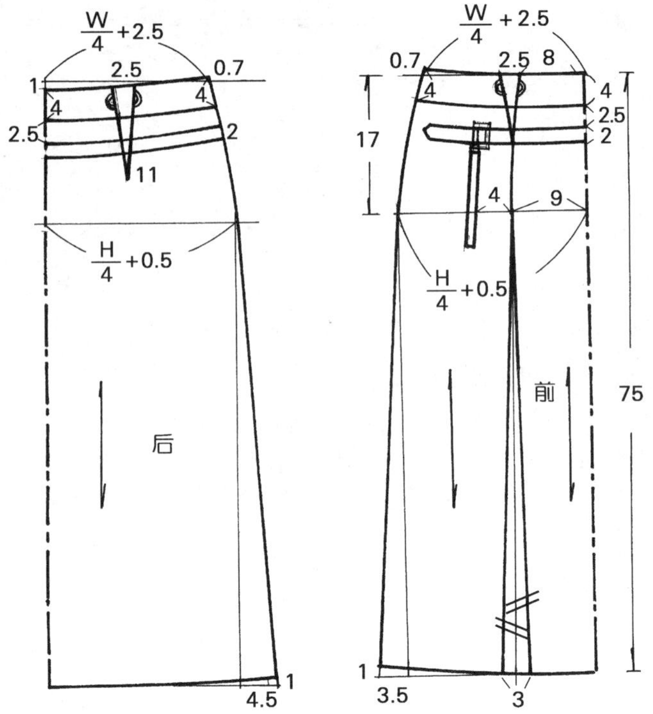

参考尺寸
裙长：75
W：70
H：92

图3-33

该款式前片采用竖直线分割，并在分割线中适当放宽裙摆，左右两只一字竖挖袋，腰部处加装饰腰带，具有时装风格。

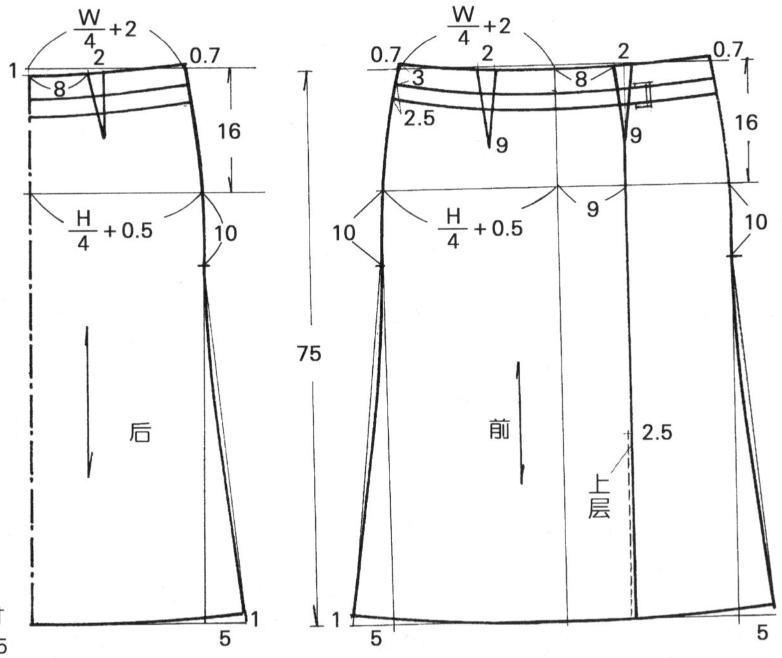

参考尺寸
裙长：75
W：74
H：92

该款与图3-33款相似，无腰，腰部作装饰腰带。偏门襟，下端开一约25 cm长小衩，既能使穿着者行走舒适方便，又能保持裙子完美的造型。

图3-34

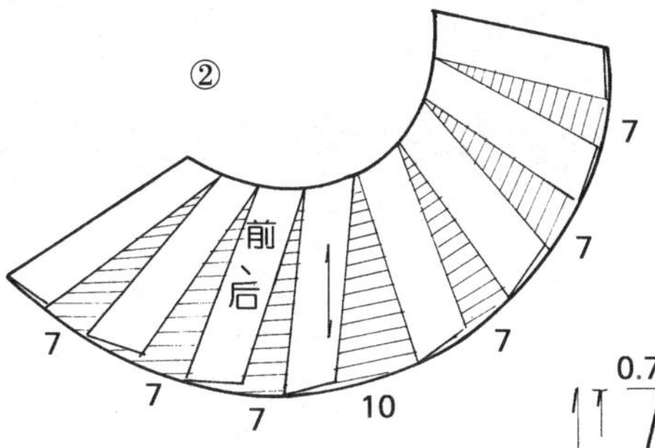

参考尺寸
裙长：79
W：72
H：92

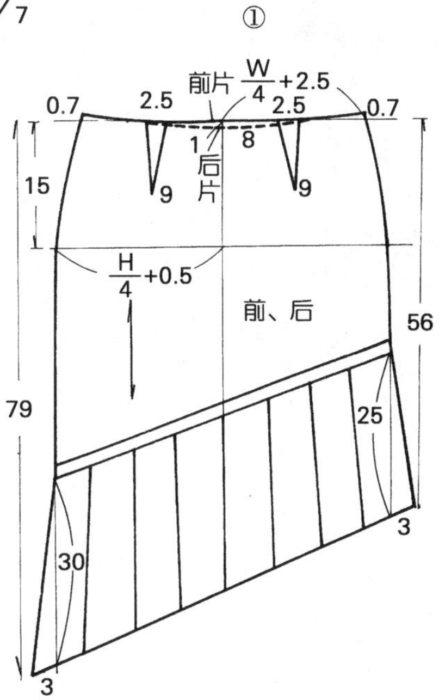

该款式主要特点是低腰、合体，裙子下部作斜向分割，并用蕾丝相拼接。为使下摆成波浪形，可通过纸样展开方法获得。在相拼处可用类似花边作装饰，后裙片是在前片基础上，后中低1 cm。

图3–35

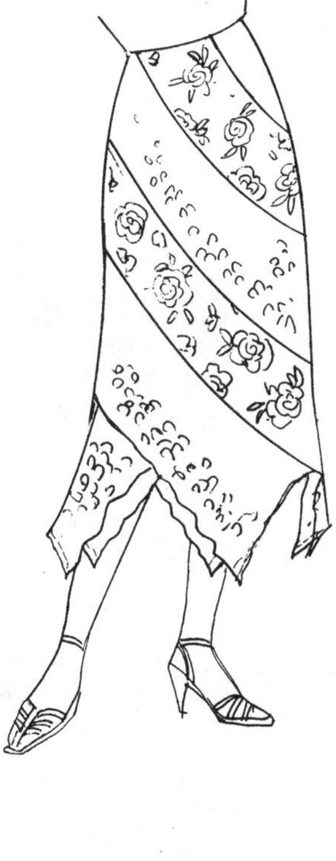

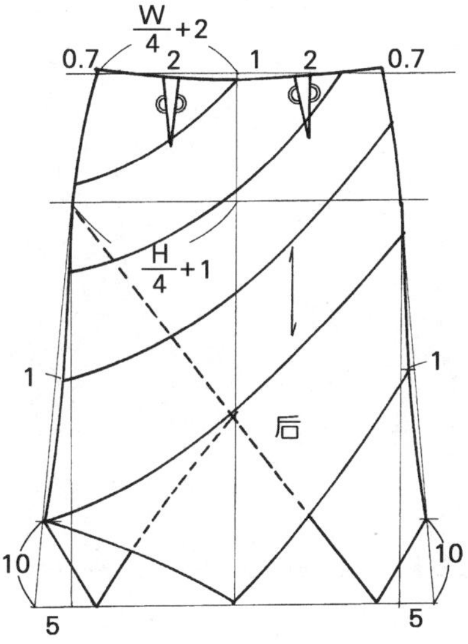

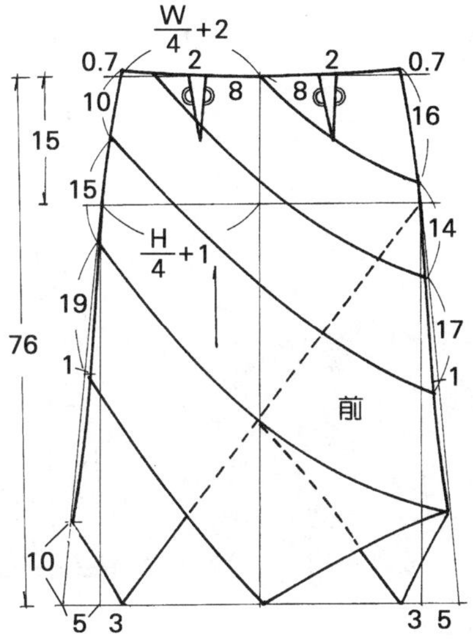

图3–36

参考尺寸
裙长：76
W：74
H：94

该款以螺旋式弧线分割设计为特点，在裙摆处作多重曲线。采用不同花色的面料相拼，效果更佳。

参考尺寸
裙长：70
W：74
H：94

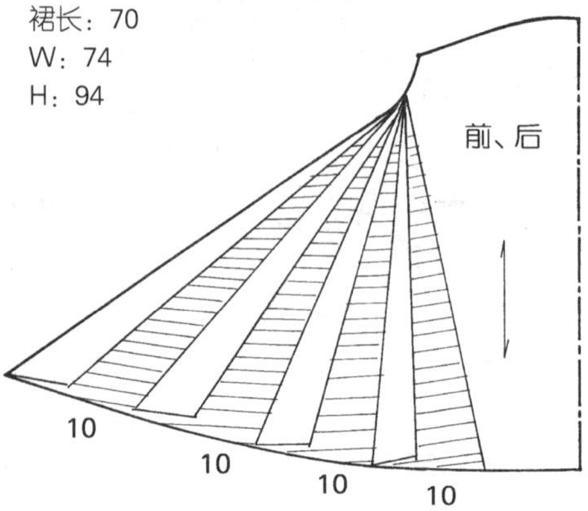

② 展开图

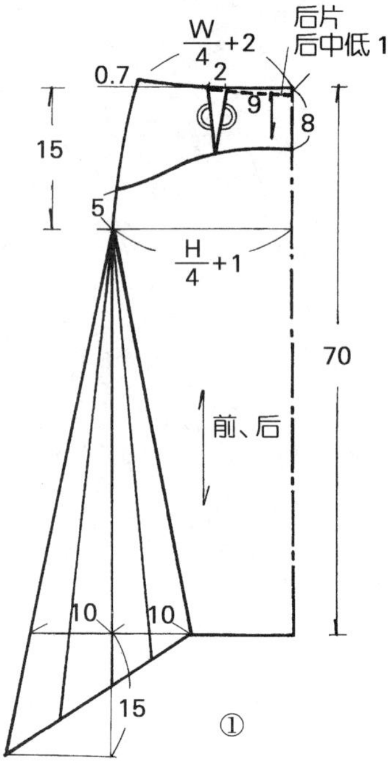

该款以育克和裙摆两侧加长成尖角为特色，是近年较流行的一种款式。两侧加长成波浪的量可按切线展开如图。后裙片是在前裙片基础上，后中低1 cm，其余都相同。

图3-37

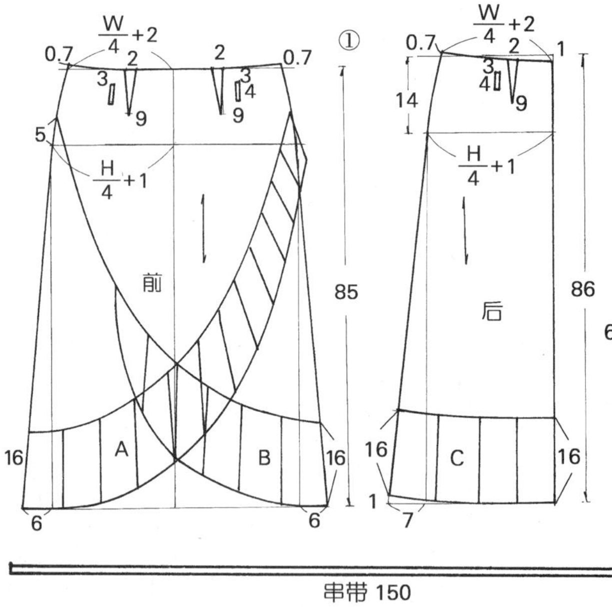

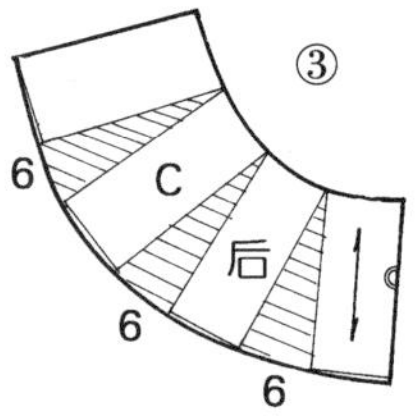

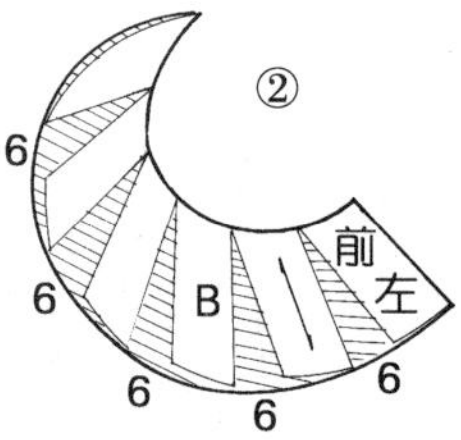

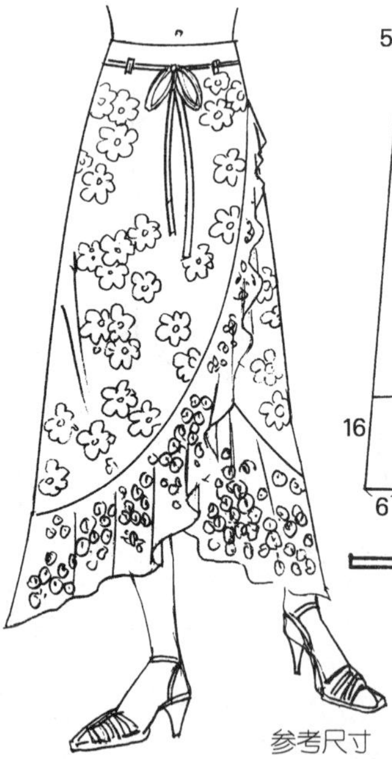

该款式特点是，低腰合体，腰部用细串带打结。其次，运用弧线交衩开襟和显眼的荷叶花边，能较好地显示出青春朝气、温馨浪漫的气息。

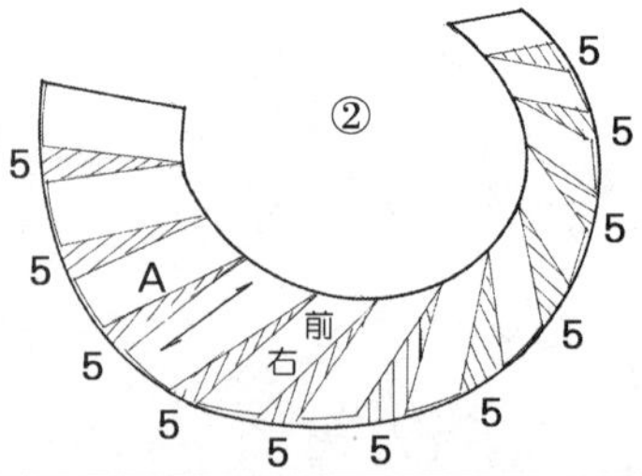

图3-38

参考尺寸
裙长：85
W：76
H：94

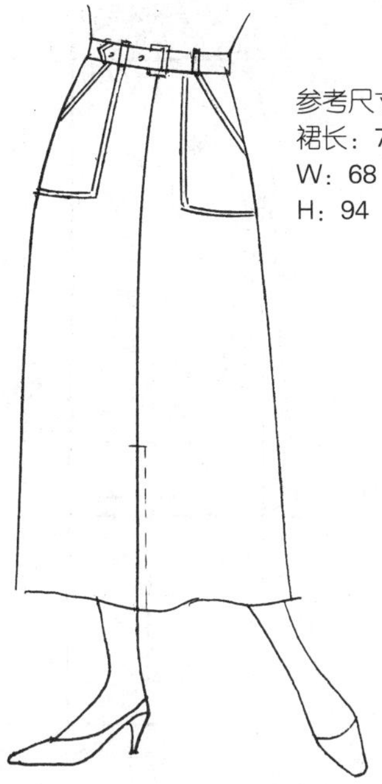

参考尺寸
裙长：75
W：68
H：94

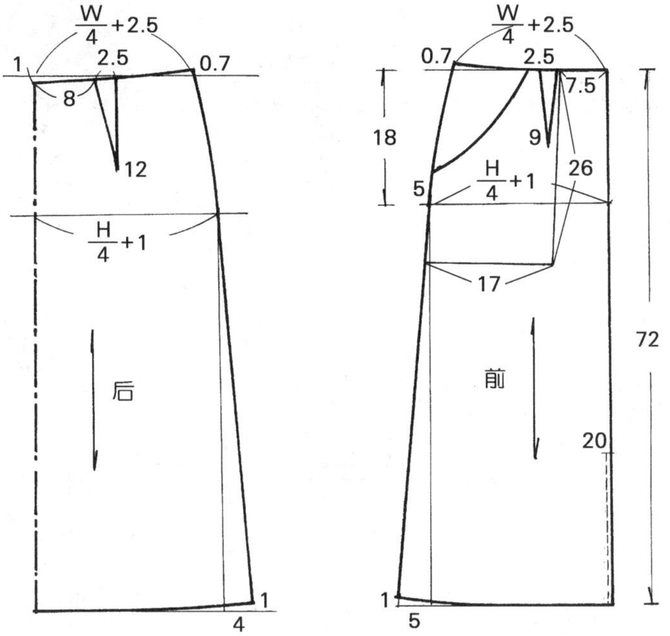

该款为具有休闲特色的长裙，月牙形口袋，前中开衩，穿着随意轻松。

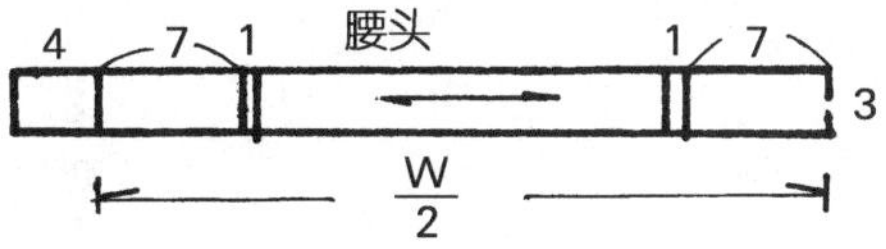

图3-39

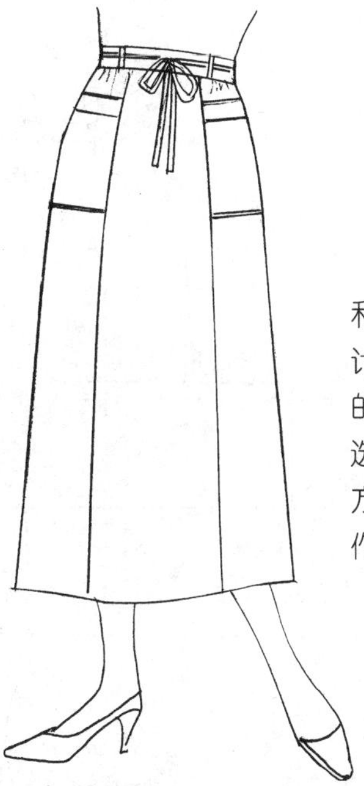

参考尺寸
裙长：75
W：66
H：94

该款是腰部抽碎褶和竖线分割相结合的设计。腰带可以调节腰围的大小，左右两贴袋可选用横向设计。简洁大方，既可居家穿着，也可作为外出服装穿着。

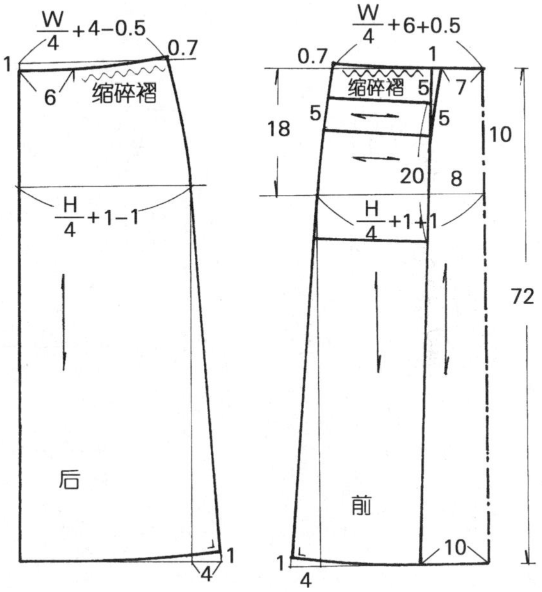

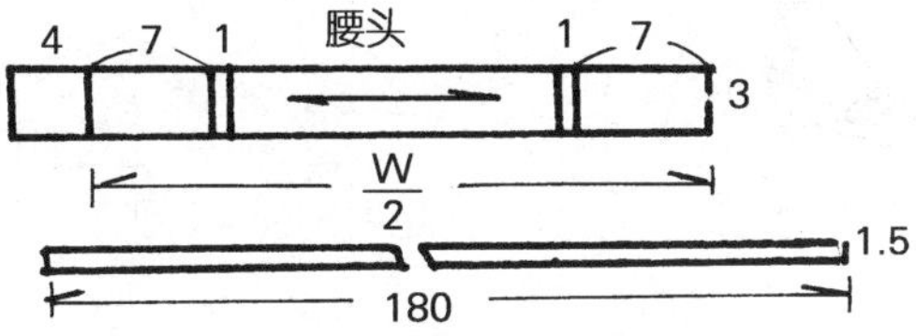

图3-40

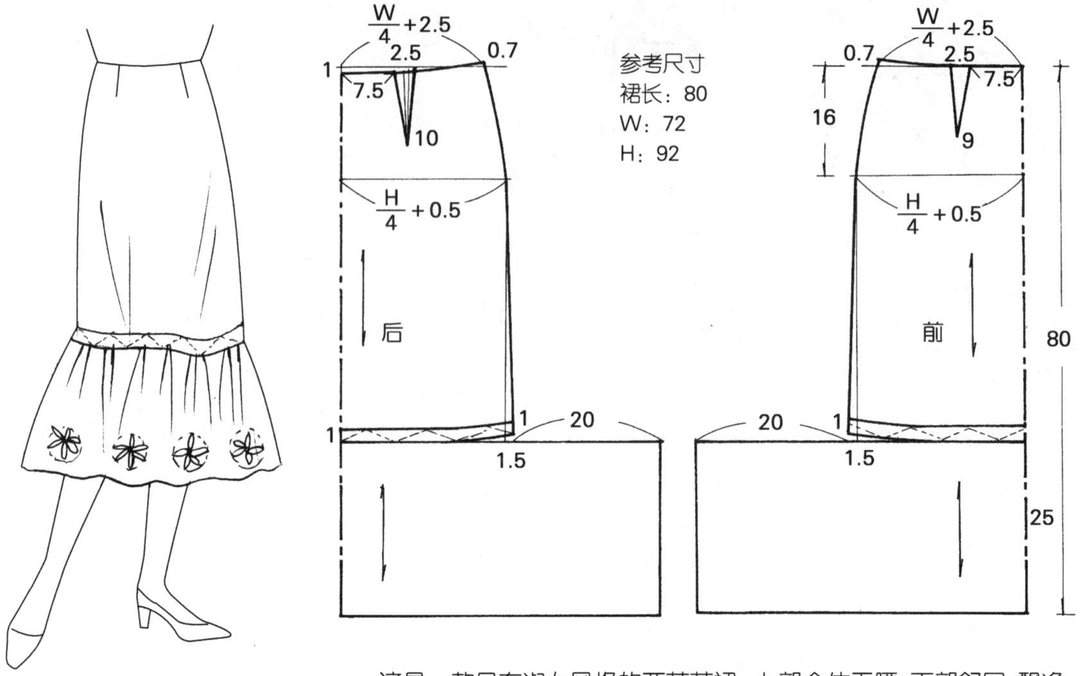

图3-41

这是一款具有淑女风格的两节节裙。上部合体无腰，下部舒展、飘逸，每片都有足够的抽褶量，犹如金钟悬挂、秀丽优雅。

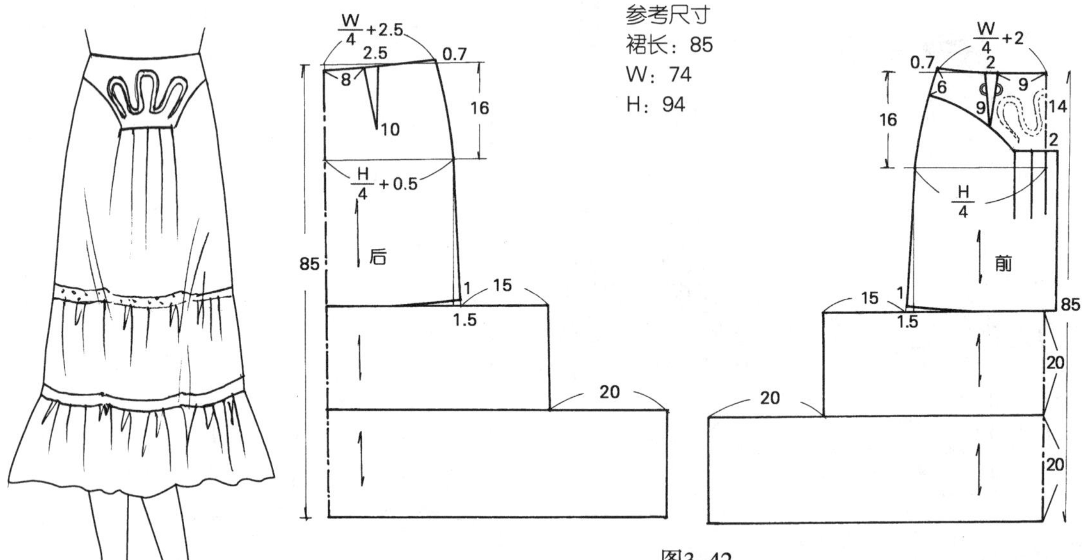

图3-42

这是一款相对复杂的节裙设计，前片采用月牙形育克和横线分割相结合的设计，前中育克处可用盘绳等装饰，可谓别致精美。

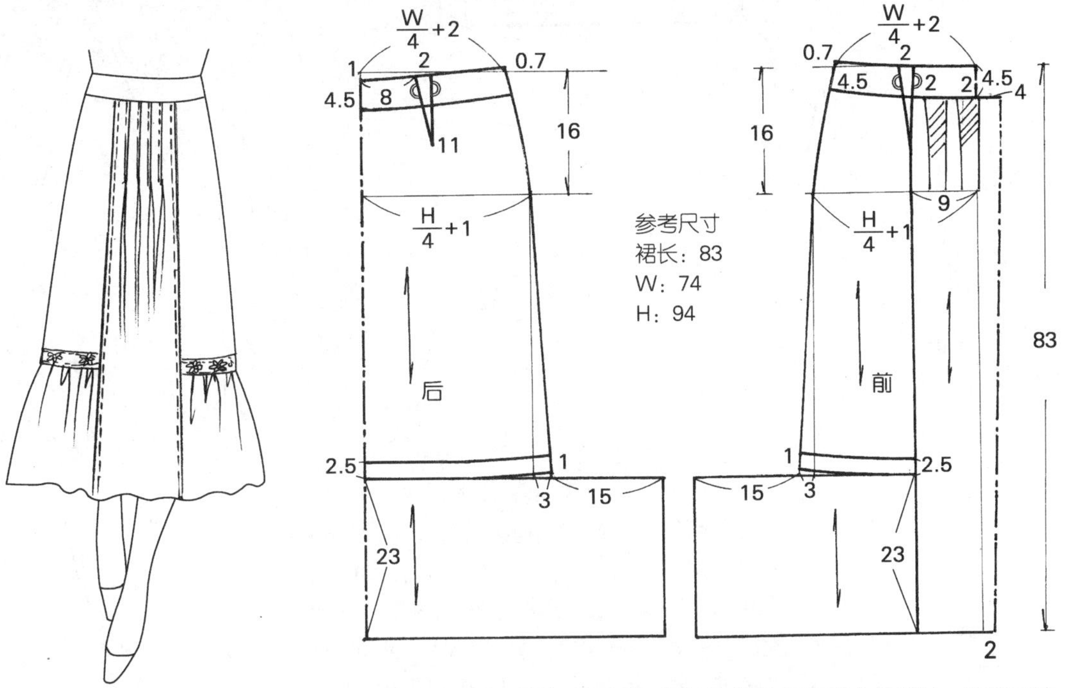

图3-43

这是一款竖线、横线、抽碎褶、缉花边多种元素组合的设计。体现了休闲、自由的情趣，面料可选用素雅的小花棉布、丝绸、亚麻布等。

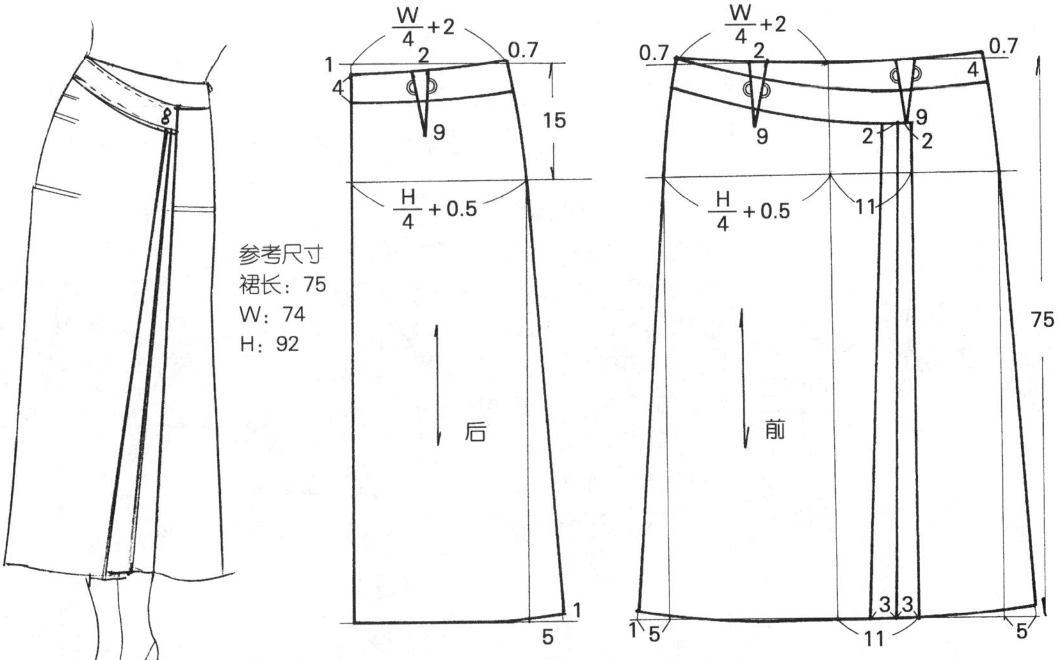

图3-44

该款式从外形上有A字形风格，其特点是前片运用偏门襟设计。上口处作做两个褶裥的变化，使裙子具有韵律感和时尚浪漫的特色。

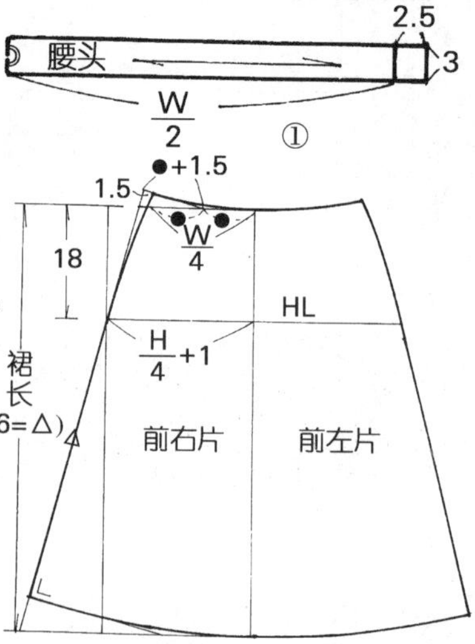

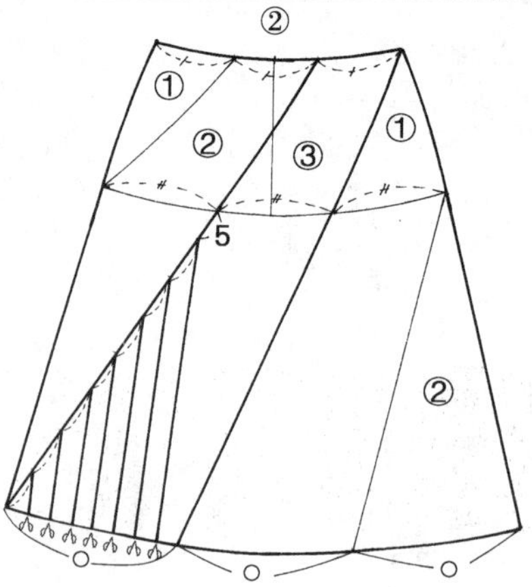

该裙呈现螺旋状外形，下摆飘逸，极具女人的妩媚和婀娜多姿。其裁剪要点为：a. 采用斜裙的直角旋转裁剪法，先画出前右片，再复制出前左片；b. 在前片上画出螺旋形的分割线；c. 取完整的裁片③，并将其展开，下摆成波浪形；d. 整条裙共6片，裁剪时，布片的方向要一致；e. 6片裁片经缝合后，后腰中部应修剪成比前片中部低落1 cm，开口装隐形拉链于后片的接缝线上。

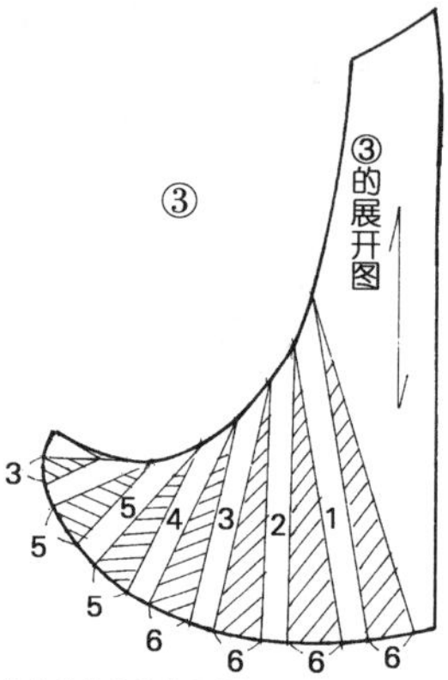

图3-45

参考尺寸
裙长：66(腰头除外)
W：66
H：90

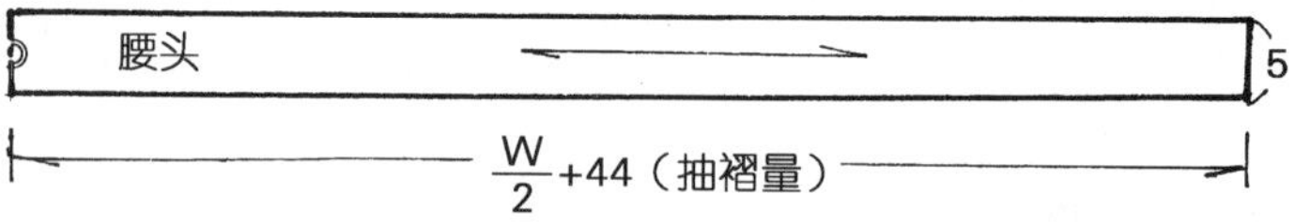

此款的外形犹如气球，又似南瓜，富有趣味性。裙子由表、里两层组成，表层裙的下摆大而长，里层裙的下摆小而短，在腰部和下摆将表、里裙两层缝合在一起，使表层裙的下摆呈现自然褶状。宜选用悬垂性良好的面料。注：表裙下摆的大小可根据面料门幅的宽度进行调整。

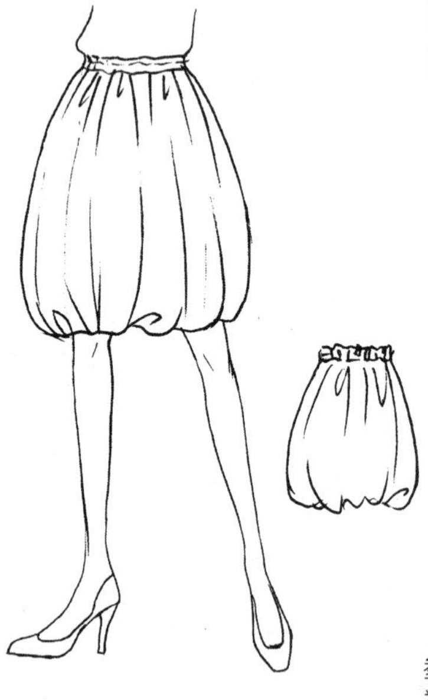

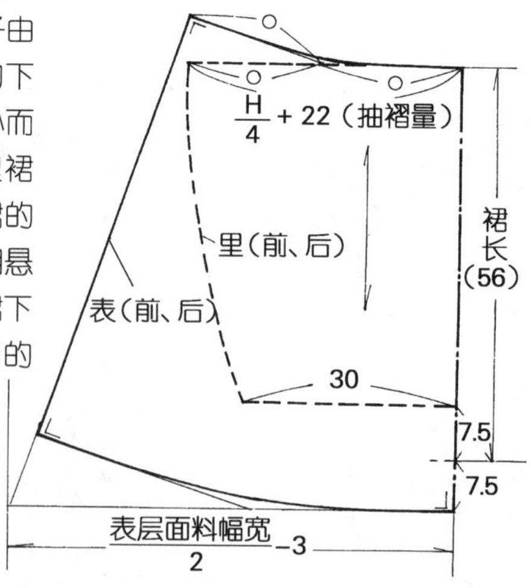

参考尺寸
裙长：56(腰头除外)
W：66
H：90

图3-46

下　篇

女裤和裙裤

第四章　女裤、裙裤概述

裤子，在古时是指男性的下装，而女子的下装是裙子，随着社会的进步和人们观念的改变，越来越多的妇女走出家庭，参与社会活动，妇女着装逐渐抛弃了烦琐，趋于追求实用性和功能性，于是在某些场合，裤子代替了裙子。裤子不仅适用于日常工作和生活穿用，而且也可以与上装配套穿用，出入各种正式的场合，且不受年龄、性别和季节的限制，演化为女性四季不可缺少的服装品种。裙裤作为裙子和裤子的补充，也因其具有良好的活动机能性和使用功能性，兼具裙子和裤子的优点，普遍受到女性的青睐，并演绎出不同的风格，为女性的下装增添了美丽的奇葩。

一、女裤、裙裤的历史

男裤的出现可以追溯到公元前600年~公元前300年，而女性的下装以裤子的形式出现则是在20世纪初的第一次世界大战期间。第一次世界大战使许多女子从军或从事与战争相关的后方工作，使得女性的服装在功能性要求方面达到了新的高度，有些妇女穿上了长裤，从此开创了女子穿长裤的先河，一直影响至今。

第一次世界大战后，尤其是20年代中期，越来越多的妇女走入社会，参加工作，同时也更多地参加到各种体育活动中来，她们和男子一样到海边去游泳、到高山去滑雪，这时期的滑雪衣、滑雪裤男女款式几乎一样，开创了现代无性别化服装的先河。

20世纪30年代，随着妇女参加打球、骑自行车、划船等户外活动的增多，在女装中对功能化、运动风格的要求也日高。一些女子甚至感到男式服装更能满足她们的要求，而喜欢穿上类似男装的西式短裤。

第二次世界大战时期，大批女性从军，身上穿着和男子相似的军装。在战争的影响下，越来越多的妇女不穿裙子而改穿西式长裤，女式西装长裤的普及和流行成了此时的一大潮流。战后一段时期内，青年男女们往往以自行车代步，许多美国姑娘开始穿起了大脚裤，有的甚至干脆在小腿处把裤管剪短，变成了七分裤，并在美国流行一时。当时长裤在美国已变成越来越普遍的日常用服，但还没有女子在正式场合下穿裤子。

50年代中晚期，女装明显地趋向于简单随意，半截裤越来越受到重视。60年代初期，服装设计朝年轻化发展，女裤的设计呈多样化趋势，长裤的流行更加广泛，不仅销量大，而且在外形和风格上都有了很大的变化，从而发展成为时装的一个组成部分。这时期的牛仔裤、瘦腿裤、低腰裤、弹力裤、裙裤等受到青年人的普遍喜爱。

70年代初期，热裤（是一种紧身短裤，它类似于男式短裤，但更紧身，更短一些，仅及大腿上部）在美国和西欧成了一种新浪潮。同时，不少爱打扮的女性对裙子的忽长忽短感到厌烦，又不想穿热裤，于是便在所有的场合下都穿长裤，“圣·劳伦特装”（St.Laurent）便应运而生。这是一种套装，上、下装都用简朴雅致且男子气十足的条纹或格纹粗花呢作面料，以黑色为基调，裤子呈现直筒状，脚口外翻边。这种套装当时成了备受年轻女子喜欢的一种国际化款式，从而在各种正式场合登场。

70年代服装总的趋势是“无性别化”，它对女装的影响很大，并一直延续至今。“无性别化”是指女性服装男性化，裤子在裁剪、开口上都相同，只是在尺寸上稍有差别。在这股影响极大的潮流中，牛仔裤尽显风头。最初牛仔裤只是男子穿，在50年代发展到年轻姑娘也穿，到了70年代，则男女老少，人人皆穿，牛仔裤已成为一种生活方式。人们喜欢将牛仔裤的脚边磨得破烂褴褛或经水洗弄旧才穿，这些经处理的牛仔裤成为都市牛仔典型的着装。

80年代以后，世界时装朝着更加多元化、更重人情味、更强调功能与形式统一的方向发展，时装变化的节奏越来越快，女裤、裙裤的款式也更加多姿多彩，变幻无穷。

① 超级迷你短裤
② 迷你短裤
③ 一般短裤
④ 膝上短裤
⑤ 及膝裤
⑥ 膝下裤
⑦ 七分裤
⑧ 九分裤
⑨ 及踝长裤

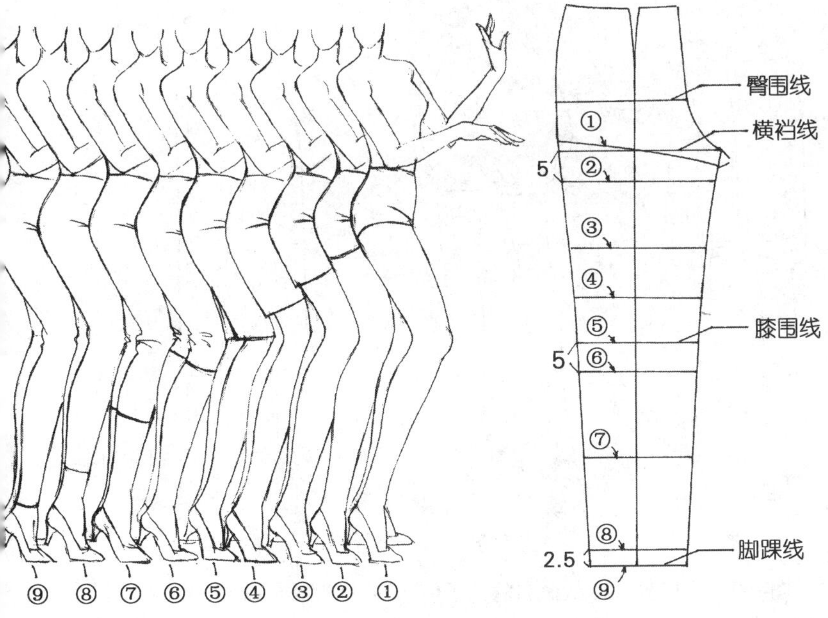

图4-0-1　以长度命名的裤子

二、女裤、裙裤分类

按分类的不同标准，裤子可分出多种品类，这里仅从长度和形态加以分类。

（一）以长度分类

有：① 超级迷你短裤、② 迷你短裤、③ 一般短裤、④ 膝上短裤、⑤ 及膝裤、⑥膝下裤、⑦ 七分裤、⑧九 分裤、⑨ 及踝长裤等（见图4-0-1）。

（二）以形态分类

裤子的形态主要有：

腰线的高低、外部的形状、褶裥的形式（或褶裥的数量）等。

1. 以腰线高低命名的有——低腰裤、高腰裤、装腰带裤、无腰带裤等（见图4-0-2）。

2. 以外部形状命名的有——运动裤、短裤、短灯笼裤、踏车裤、便裤、牛仔裤、马裤、健美裤、背带裤、直筒裤、锥形裤、喇叭

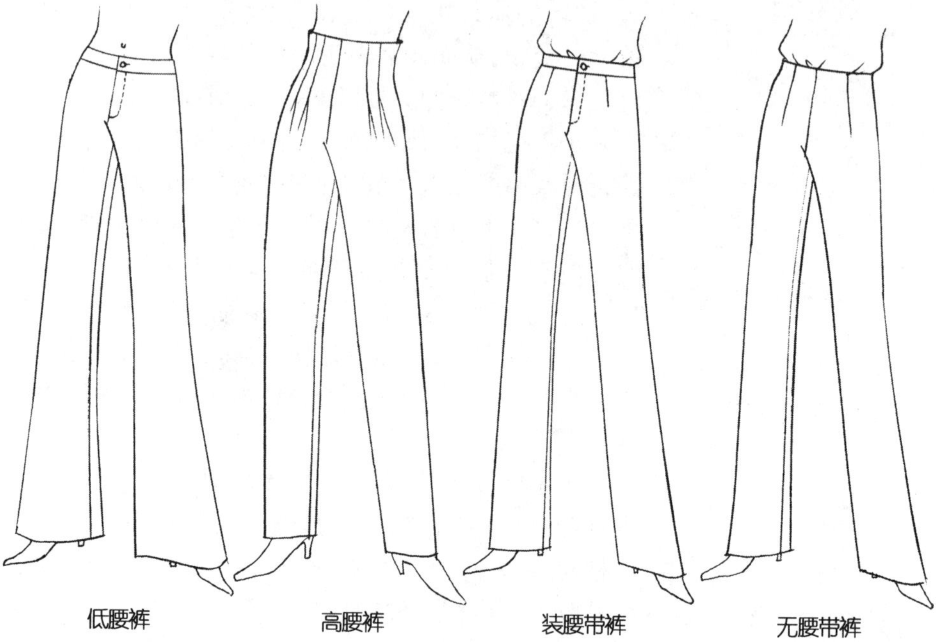

图4-0-2　以腰线命名的裤子

裤等（见图4-0-3）。

3. 以褶裥的形式命名的有——无褶裥裤、有褶裥裤、立体褶裥裤等（见图4-0-4）。

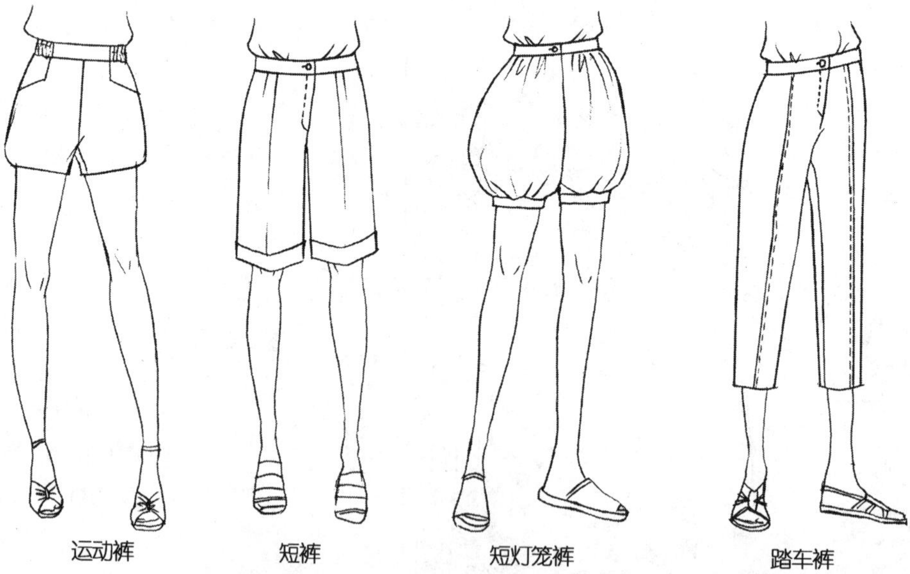

图4-0-3　以外部形状命名的裤子（一）

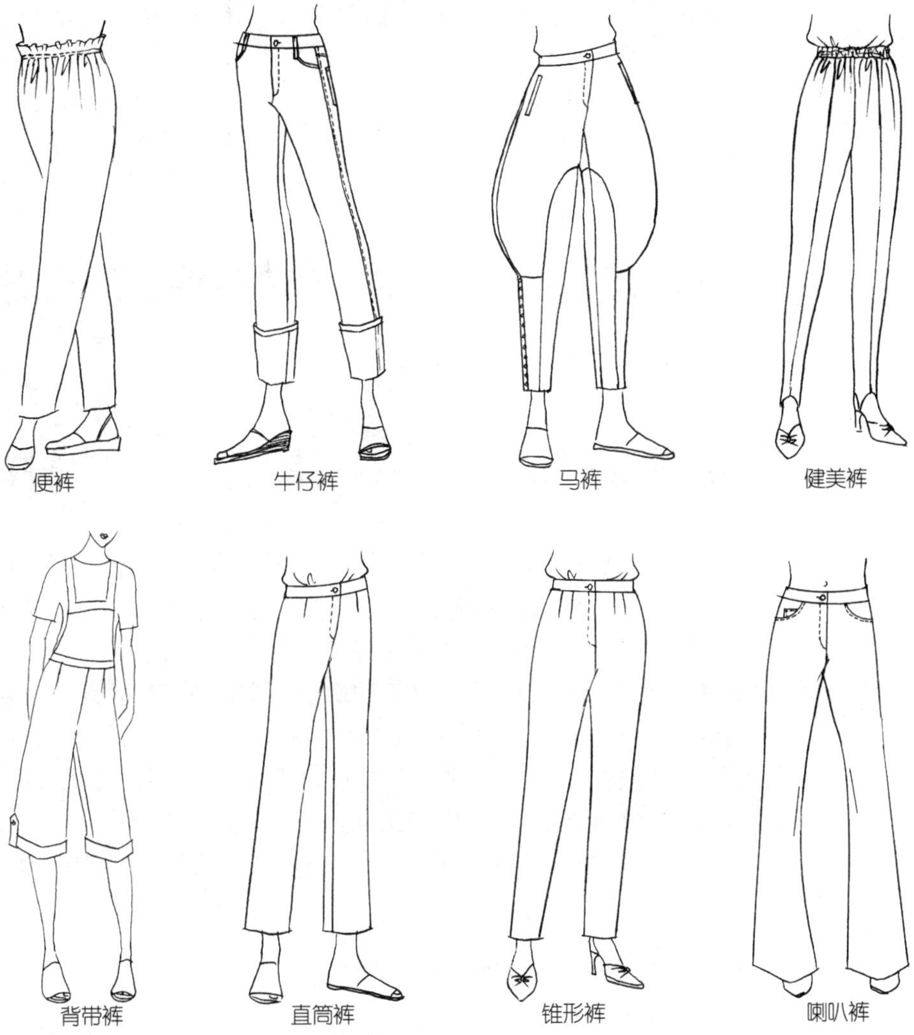

图4-0-3　以外部形状命名的裤子(二)

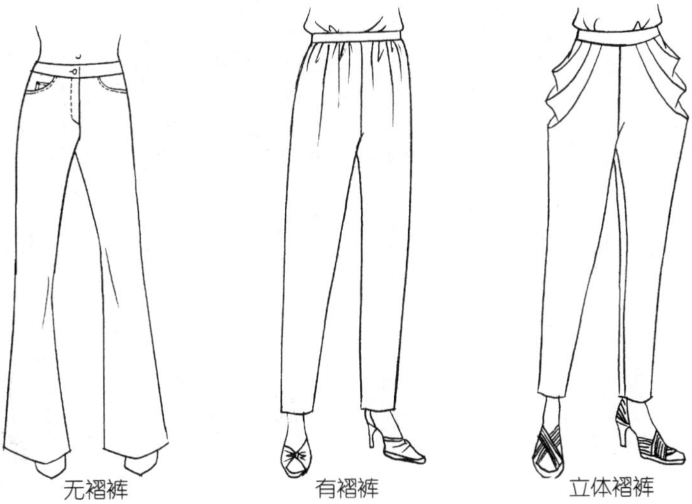

图4-0-4　以褶裥命名的裤子

第五章　女裤的基本结构及其变化原理

第一节　女裤的基本型——标准基本纸样

女裤品种繁多,造型各异,其结构的变化是依据一定的规律来进行的,即不同款式的各种裤子都可以在标准基本纸样的基础上,按照造型的需要在局部作适当的变化处理而得。因此,了解并掌握裤子标准基本纸样的绘制,是学习各种裤型裁剪的关键,尤其对于初学者,会起到事半功倍的效果。女裤标准基本纸样是在分析了女性腰臀及下肢的结构特点之后,依据正常人的基本特征,采用比例分配的制图方法绘制而成的。它是女裤纸样设计的基础纸样。

女裤标准基本纸样的绘制需要腰围、臀围、裤长、脚口四个基本数据。

一、女裤相关尺寸的测量(见图5–1–1)

腰围(W):沿腰部最细处水平围量一周。

臀围(H):沿臀部最丰满处水平围量一周。

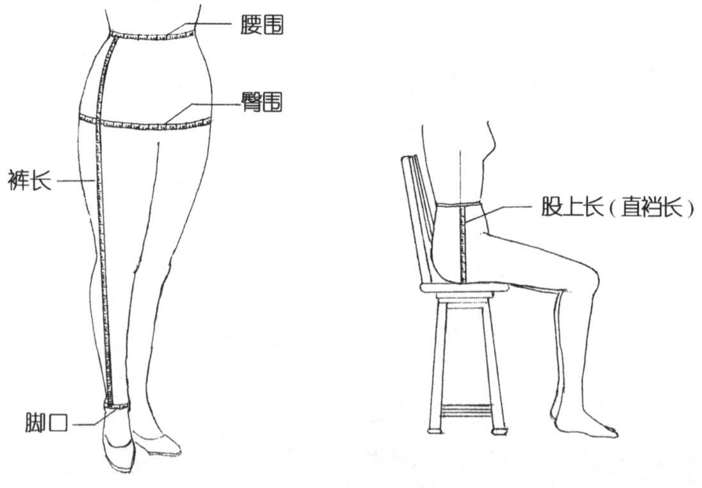

图5–1–1　女裤相关尺寸的测量

股上长(也称直裆长)：自腰线至臀股沟随臀部体型测量。由于测量此尺寸很不方便，通常习惯于请被测者坐在凳子上(凳高在就坐后大腿与地面持平最佳)，并用一条细带系在腰线上，然后自细带量至凳面的距离。

基本裤长：从侧腰处量至脚踝部外侧凸点。此尺寸为裤子的基本长度。

脚口：在脚踝处水平围量一周，并根据需要加放。

二、女裤标准基本纸样的绘制

1. 参考规格：

号型：160/66　腰围：66　臀围：90　股上长(直裆长)：25　裤长：94(腰头除外)　裤口大(脚口大)：42

其中腰围、臀围为净体尺寸

2. 女裤标准基本纸样制图步骤，详见图示5-1-2。

制图要点：先画出前片，在前片的基础上再画出后片。

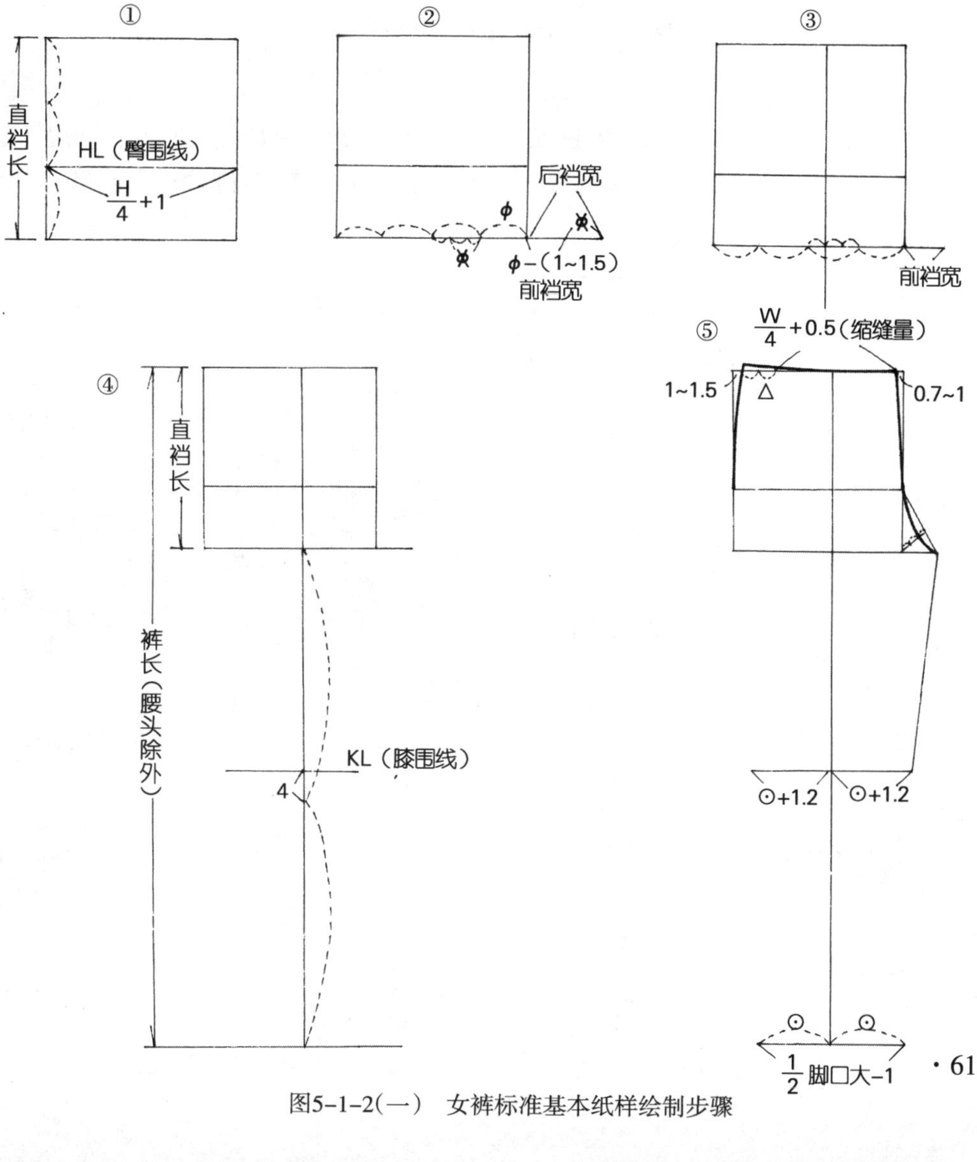

图5-1-2(一)　女裤标准基本纸样绘制步骤

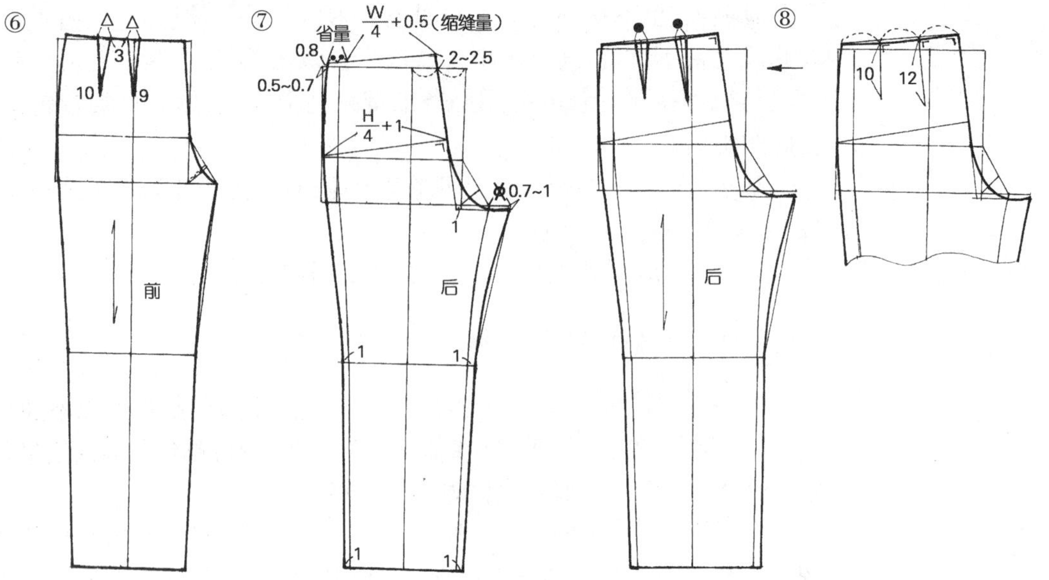

图5-1-2　女裤标准基本纸样绘制步骤（二）

三、女裤标准基本纸样结构分析

（一）裤子的结构

根据人体腰部以下的结构，裤子的长度由股上长和股下长两部分组成；而围度部分主要由五部分组成：腰围、臀围、横裆、中裆、脚口（见图5-1-3）。

（二）女裤标准基本纸样各线条的名称

了解裤子基本纸样各线条的名称，便于对裤子的结构进行分析，具体详见图5-1-4。

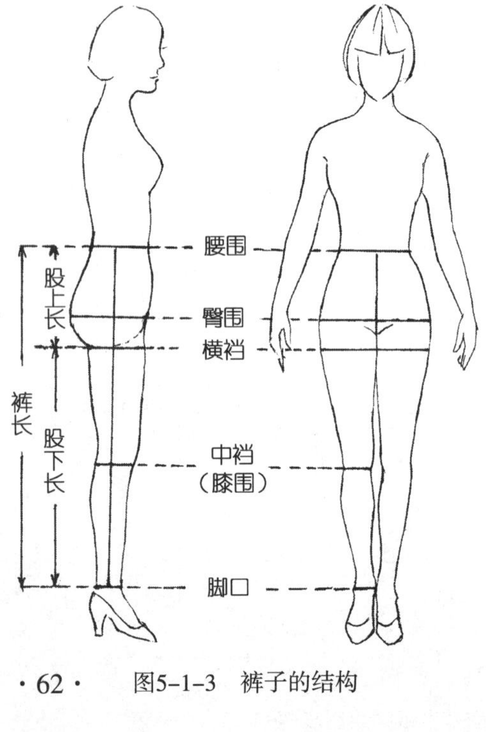

图5-1-3　裤子的结构

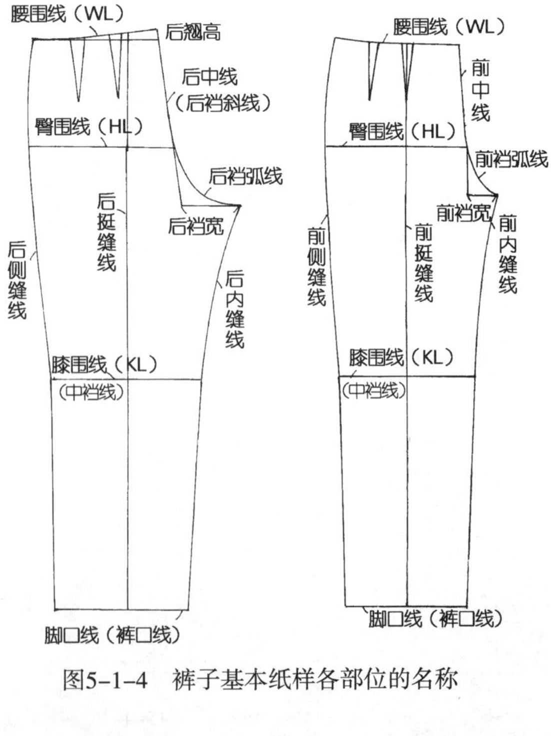

图5-1-4　裤子基本纸样各部位的名称

（三）裤子主要部位结构分析

1. 前腰围线和后腰围线

裤子的前后腰围线与其它服装腰围线的作用不同，如裙子的腰围线、衣片的腰围线等都趋于直线，并且前后腰围线结构相同，而裤子前后腰围线的结构不同，后腰围线由于后翘的影响而呈现斜线，这是由于裤子的横裆影响所造成的。

2. 臀围和腰围的放松量

臀围的放松量是根据裤子的外形而定的。通常情况下，合体形的裤子为8~10 cm，宽松形的裤子为14~20 cm，甚至更多；而紧身形的裤子为2~4 cm左右，弹性面料的紧身裤甚至不加放松量。腰围可以不加放松量，若是秋冬季裤子，裤腰里需塞入内衣的，则可放1~2 cm的松量。

3. 前后裤片腰部省量的确定

人体一般是臀围大腰围小。为了使裤子显得合体，必须在腰部收省（见图5–1–5）。腰部收省应遵循一个原则，即前片的收省量都小于后片，而不能相反。这是由臀部的凸度大于腹部所决定的。由于每个人的臀腰差不同，因此省量的大小也应有所变化，一般臀围较大而腰围较小者，省量应大些；反之，则小些。前片的省量也可以褶裥的形式出现。若臀腰差数过大，还可以从前裆线适当多撇进些或将前腰省加大一些，进行调整，以避免因侧缝上端收拢太急而形成鼓包（见图5–1–6）。

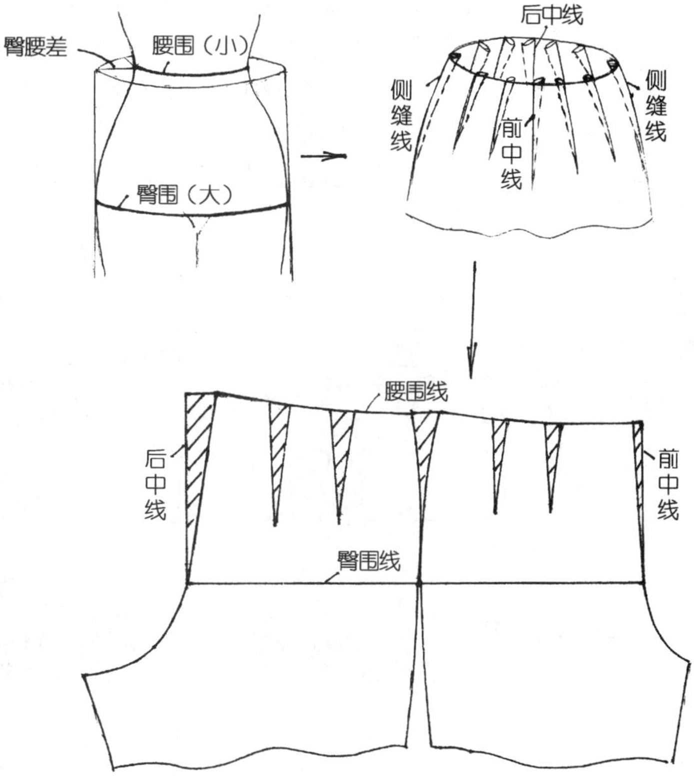

图5–1–5　裤片腰省的形成

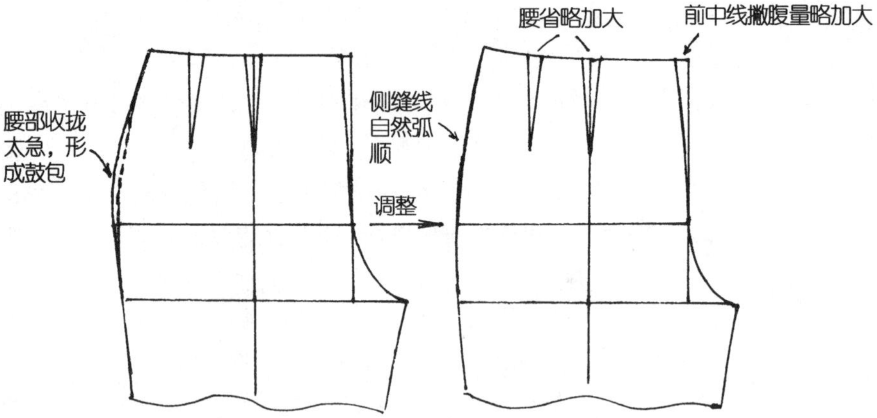

图5-1-6 腰省及撇腹的调整

4. 前挺缝线和后挺缝线

裤子的挺缝线也叫烫迹线，它是确定和判断裤子造型和产品质量的重要依据。其标准为：前后挺缝线两边的面积以膝围线(KL)为准,均为相等。前后挺缝线必须与布丝的经向一致。挺缝线虽然在结构上不起什么作用,但它对裤子造型的整体控制是很关键的。

5. 后翘和后裆斜线

后翘实际是使后裆斜线和后裆弯的总量增加。在人体蹲、坐、弯腰时,单靠直裆的长度是不够的,而且人体臀部突出,所以必须加后翘,以增加后裆长度,适应人体活动的需要。但后翘不能过长,否则,人体站立时,后腰部出现空隙。起翘尺寸,应根据体形、款式、年龄等综合考虑,一般起翘量在2.5 cm左右为宜。

后裆斜线的斜度取决于臀部的造型,即臀部挺度越大,其斜度越明显,后翘也越大,后裆长度自然加大;相反,各项数值就自然缩小(见图5-1-7)。

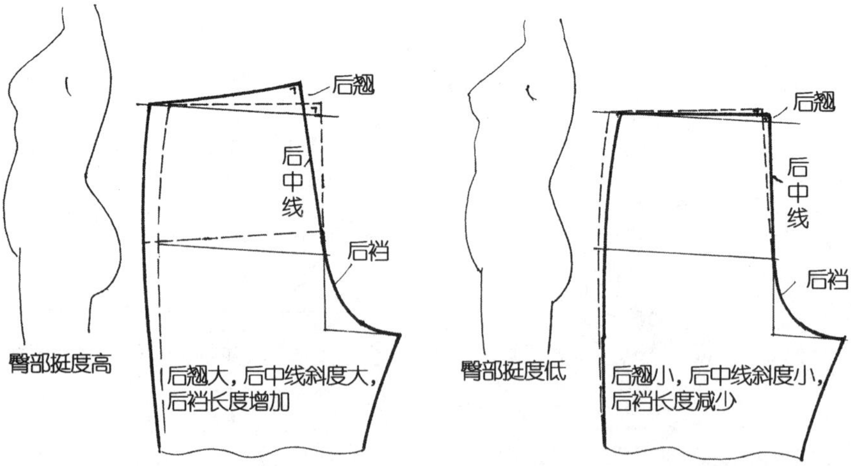

图5-1-7 后翘、后中线及后裆之间的关系
（注：虚线部分为正常臀部的线条）

6. 前后裆宽(也称前后窿门)

从女裤标准基本纸样中可以看出,前裆宽小于后裆宽,这是由人体的结构所造成的(见图5-1-8)。另一个原因,人体的活动规律是臀部前屈大于后伸,因此,后裆的宽度要增加必要的活动量。另外,裆的宽度还要适当考虑人体的厚度,臀部尺寸相同的人,由于臀宽和臀厚不同,其裆宽是不一样的,臀部厚而窄的人,裆宽应大一些;臀薄而宽的人,裆宽应小一些(见图5-1-9),裆宽尺寸要合适,裆宽过大,周围起空,过小则臀部绷紧。

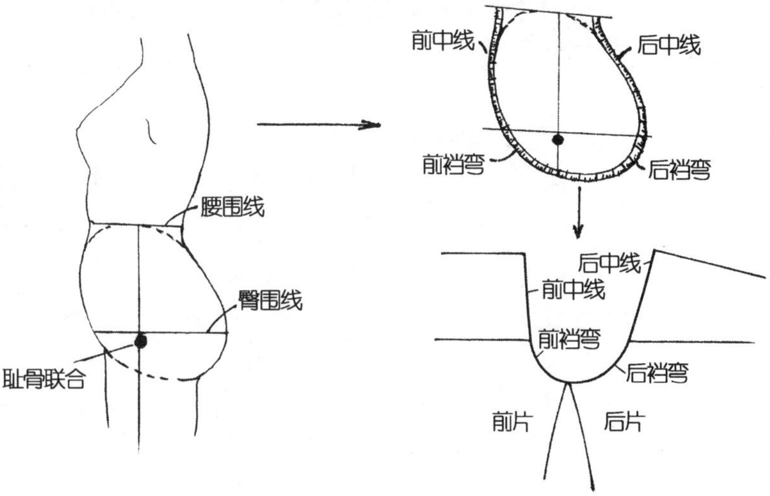

图5-1-8　裤子前后裆弯的形成

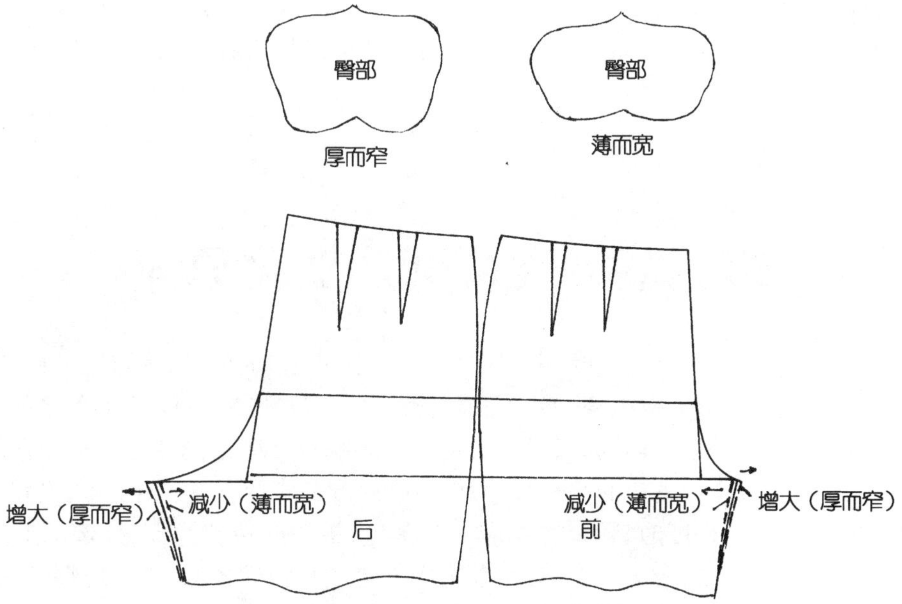

图5-1-9　裆宽的调整(臀围尺寸相同,其臀部的厚度不同,裆宽的尺寸要作适当调整)

7. 后裆弧线

后裆弧线的弯曲程度，对裤子的造型影响很大。弯度过深，下裆会起褶皱；弯度过浅，达不到人体所需要的弯度，会出现勾裆（见图5-1-10）。

8. 膝围线

膝围线的作用是为裤筒的造型提供基础线，在结构上不起作用，只是作为款式变化的参照物，在实际应用中，可根据造型需要作上下移动。

9. 前、后裤口线

前、后裤口线的宽度根据臀部比腹部大的原理，通常在制图时处理成后裤口大于前裤口。

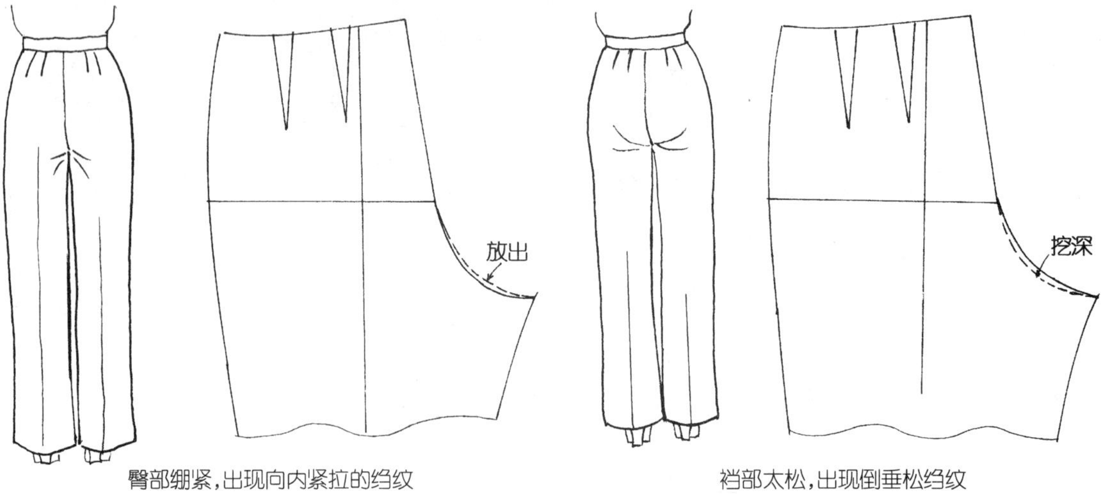

图5-1-10　后裆弧线的弯曲程度对裤子的影响

第二节　女裤廓形变化原理

裤子廓形有四种基本形式：即直筒裤（长方形）、锥形裤（倒梯形）、喇叭裤（梯形）、骑马裤（菱形），见图5-2-1。它们各自的内部结构是由其外部廓形所决定的，影响裤子廓形的结构因素有臀部的松和紧，裤口的宽和窄，裤口线的提升和降低。通常情况下，当强调臀部宽松度时，裤口要相应的收紧些，裤口线位置提高，外部廓形呈现倒梯形，成为锥形裤，腰部采用打褶或高腰的方法；当表现臀部的紧身时，裤口要相应的放宽些，裤口线位置降低，外部廓形呈现梯形，成为喇叭形裤，往往采用低腰设计或无腰省的处理方法；直筒裤属于中性，裤筒近似长方形，臀部放松量适中，腰部处理较为灵活；骑马裤是古时欧洲男子骑马穿用的一种服装，女子骑马裤是从男装演变而来的，它的结构较为特殊，其处理方法也特殊。

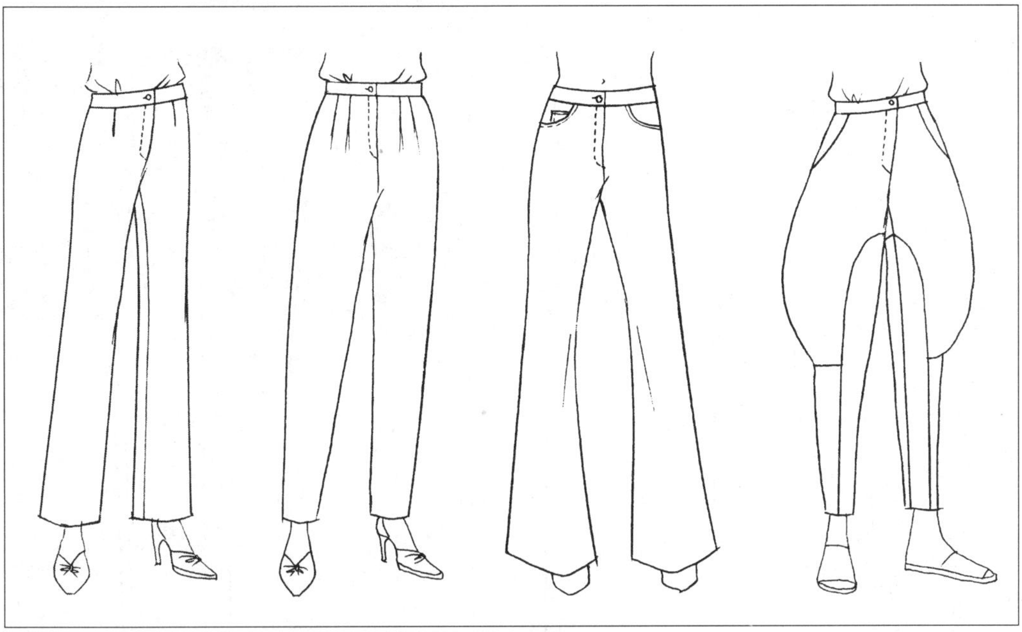

直筒裤(长方形)　锥形裤(倒梯形)　喇叭裤(梯形)　骑马裤(菱形)

图5-2-1　裤子廓形的四种基本形式

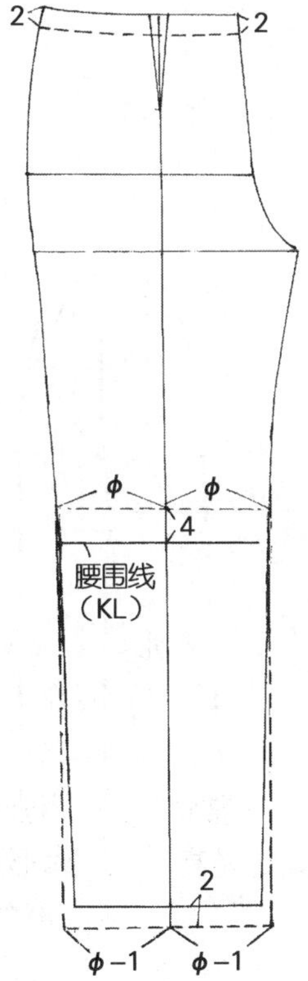

图5-2-2　前腰收省直筒裤变化原理

一、直筒裤

直筒裤是一种最为普通的裤形，臀部合体，在腰部设计上通常有两种造型，一种是前腰收省的紧身直筒裤，另一种是前腰打褶的直筒裤。前腰作省紧身直筒裤臀围放松量为2 cm，采用标准基本纸样的制图方法，其变化原理见图5-2-2，腰线下降2 cm，中裆线在原膝围线的基础上提高4 cm，裤口线下降2，裤口线比中裆线两侧各小1 cm，前片腰部作省处理(见图5-2-3)。前腰打褶直筒裤臀围放松量为4~6 cm，腰线在侧缝处放出0.5~1 cm，前片腰部采用打活褶的方法，增加实用功能(见图5-2-4)。

不管是哪一种形式的直筒裤，其裤口两侧的尺寸均要小于中裆线两侧0.5~1 cm，虽然在纸样上表现为上宽下窄的非直筒状结构，但裤子成型后，穿在身上给人的感觉是直筒形状，这是一种错觉现象。因此，在绘制直筒裤纸样时，要有意识的将裤筒设计成上宽下窄的形状，以弥补这种错觉。若把裤筒设计成上下相同的长方形，裤子成型后，穿在身上给人的感觉不是直筒形状，而成了微喇叭形。

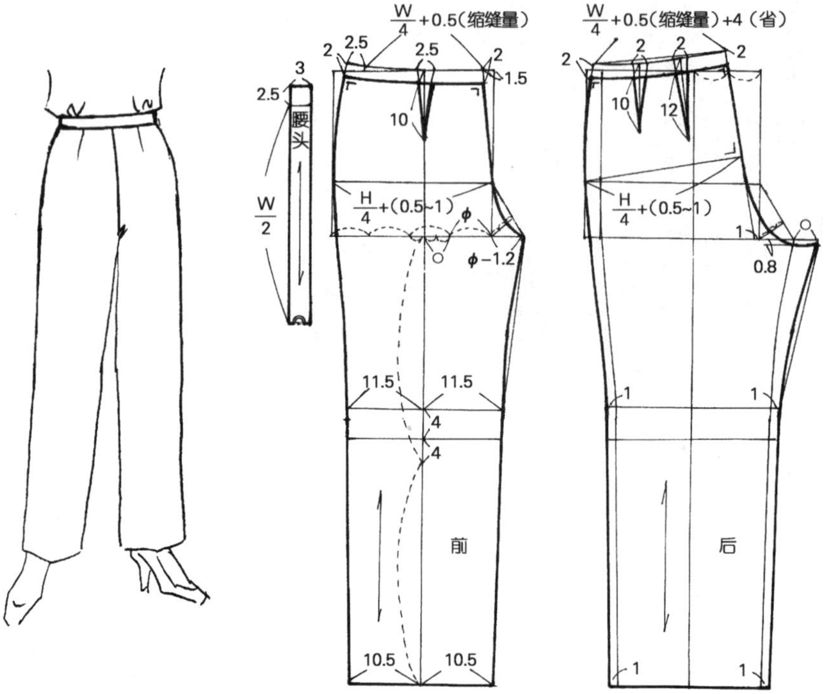

图5–2–3　前腰收省紧身直筒裤的制图

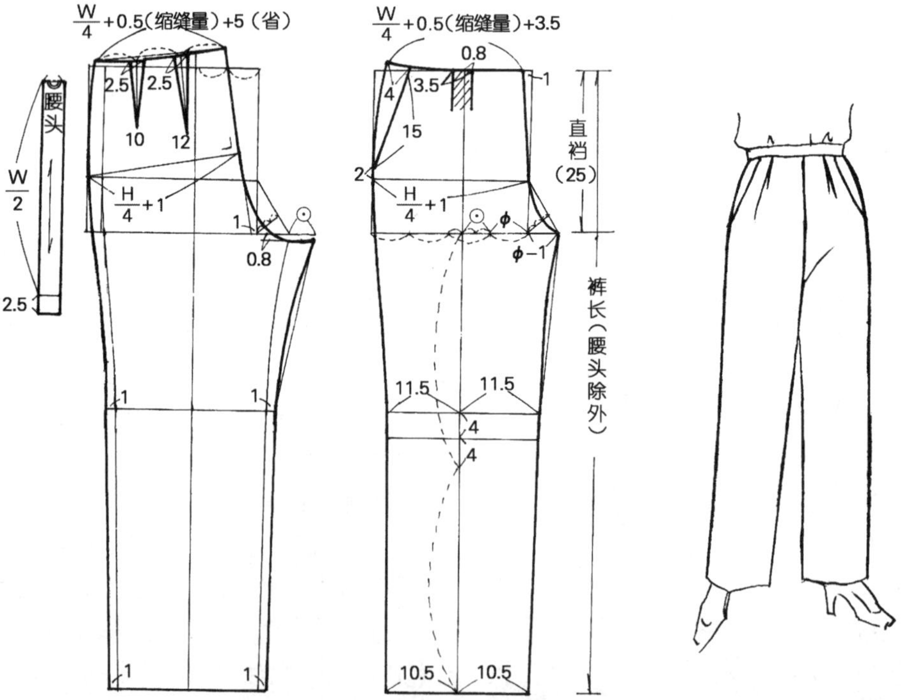

图5–2–4　前腰打褶直筒裤的制图

二、锥形裤

根据锥形裤外轮廓造型臀围大裤口小的倒梯形特点，在纸样的处理上，臀围的放松量增加，裤口收小（见图5–2–5）。前片通过剪开的方法，以增加褶量，剪开的方法有两种，一种是通过挺缝线剪开，褶量从腰部开始到裤口线消失；另一种是将中裆线和膝围线以上的挺缝线同时剪开，褶量从腰部开始到膝围线消失，最后修顺侧缝线（见图5–2–6）。

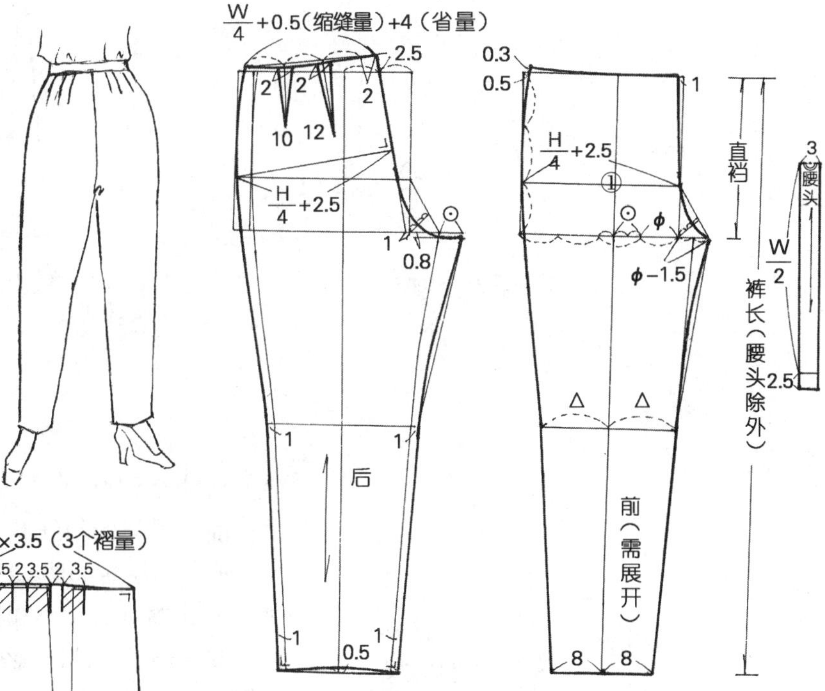

图5–2–5 锥形裤的制图（一）

A方法：通过剪开挺缝线，增加臀部和腰部的松量

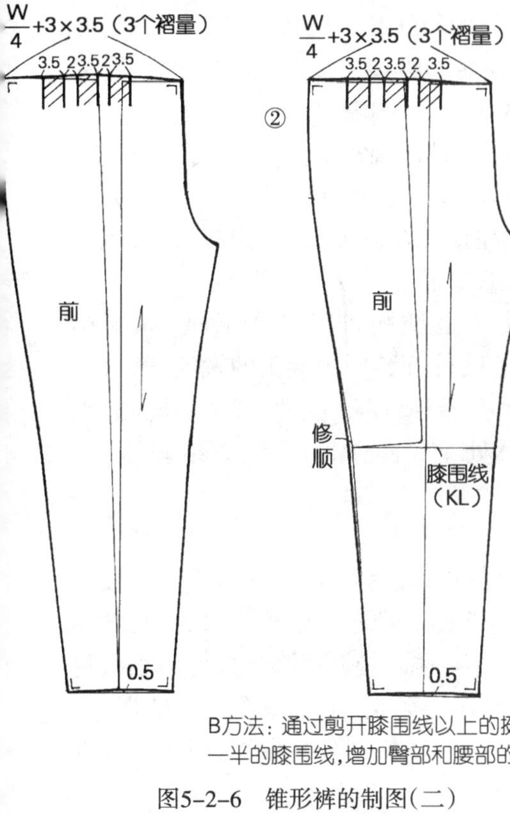

B方法：通过剪开膝围线以上的挺缝线和一半的膝围线，增加臀部和腰部的松量

图5–2–6 锥形裤的制图（二）

锥形裤的长度不宜超过脚踝骨点，因此，裤子的长度应在基本纸样的基础上减短至造型要求的尺寸。若裤口减少到小于足围的尺寸时，应在裤口的两侧加开衩。

三、喇叭形裤

喇叭形裤的外形与锥形裤相反，呈现梯形状，因此在纸样的处理上，也和锥形裤相反。结构为臀部紧身、腰部略低或前片无褶，强调臀部的丰满；裤口需增大，同时长度也加长至脚背，在裤口线上应稍作处理，

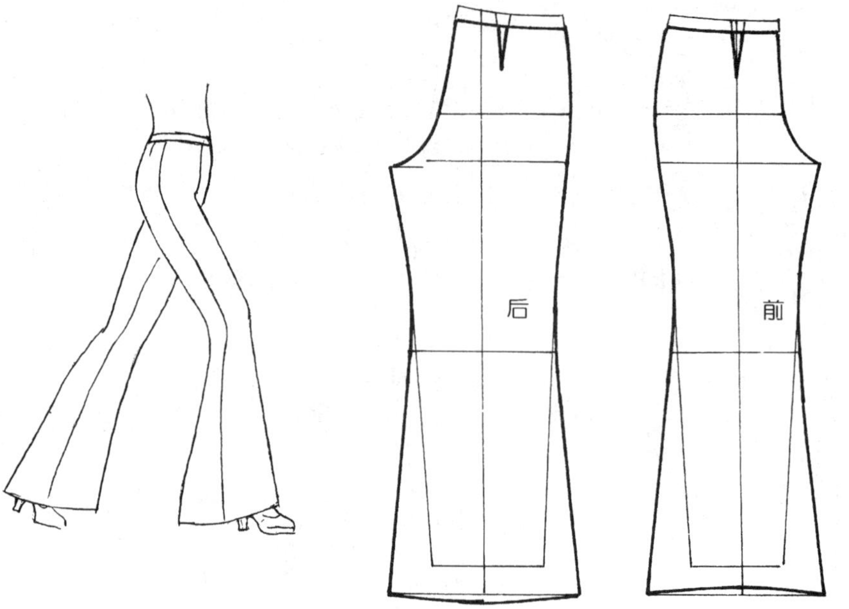

图5-2-7　喇叭裤的外形及结构特点(注：图中细线为女裤标准基本纸样，粗线为喇叭裤结构。)

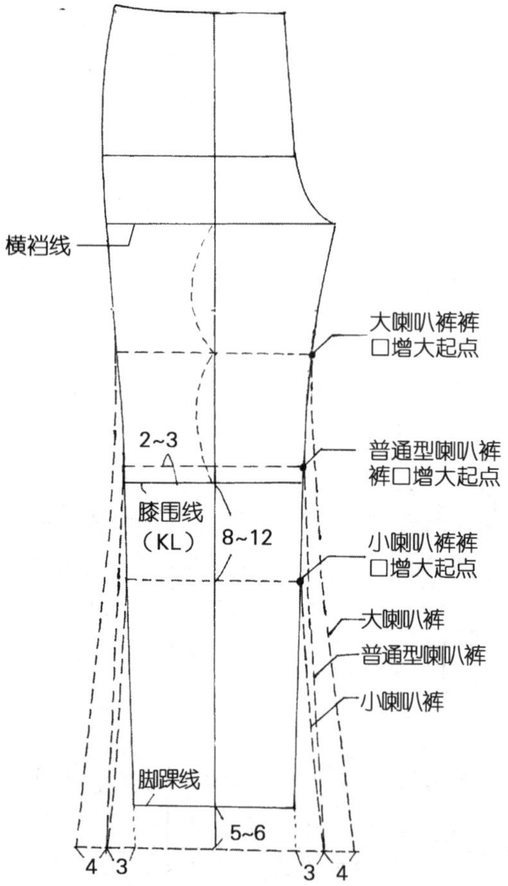

图5-2-8　不同外形的喇叭裤，裤口增大点的位置

前裤口线略凹进、后裤口线略凸出，穿上后裤口呈现前低后长的斜线状(见图5-2-7)。喇叭裤有大喇叭裤、普通喇叭裤、小喇叭裤之分，不同的喇叭裤其裤口的大小和裤口增大起点的位置是不同的，通常以膝围线作为基准线上下进行选择(见图5-2-8)。值得注意的是，裤口增大起点的位置须在横裆线以下，若升到横裆线，就变成了裙裤的结构了。

图5-2-9是低腰前片无褶喇叭裤的结构。腰线降低的部分作为腰头的宽度，闭合省道后，使腰头呈现弧线状。前裤片的省道量通过侧缝线和前裆线处理掉，使前片成为无省结构。

四、骑马裤

骑马裤的外形较为特殊，呈现菱形状。腰部收紧，两侧向下逐渐隆起至横裆线，然后到膝围线处突然收紧，小腿部紧身贴体，裤口大小以足围大为准，为方便穿脱，小腿侧作开口处理(见图5-2-10)。由于该裤形的特殊性，因此在日常生活中很少穿用。

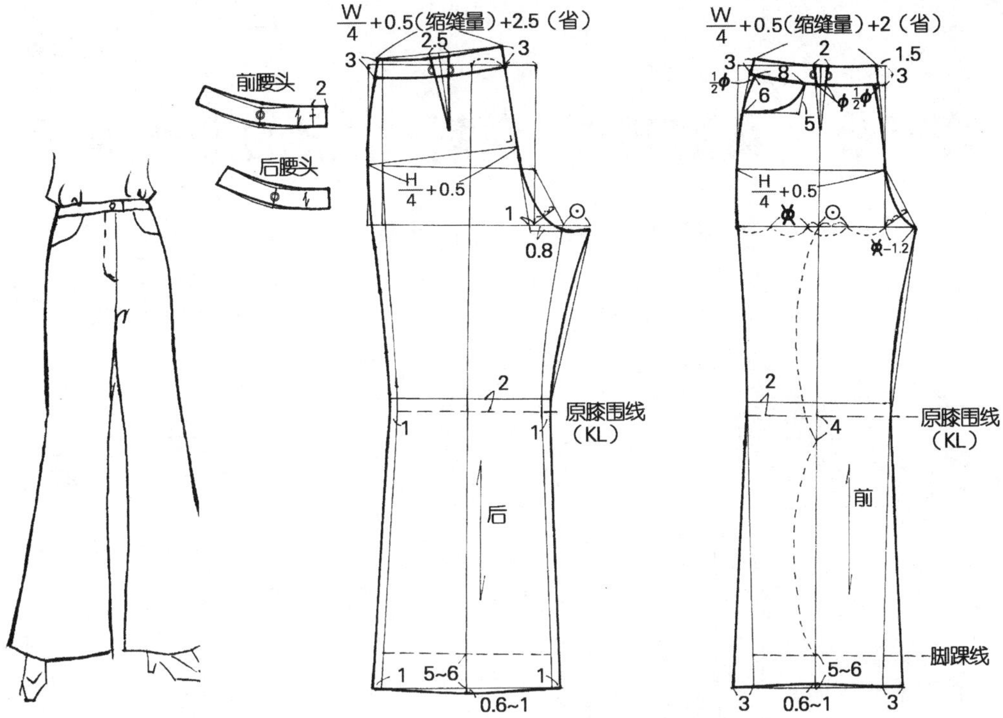

图5-2-9　低腰无褶喇叭裤制图

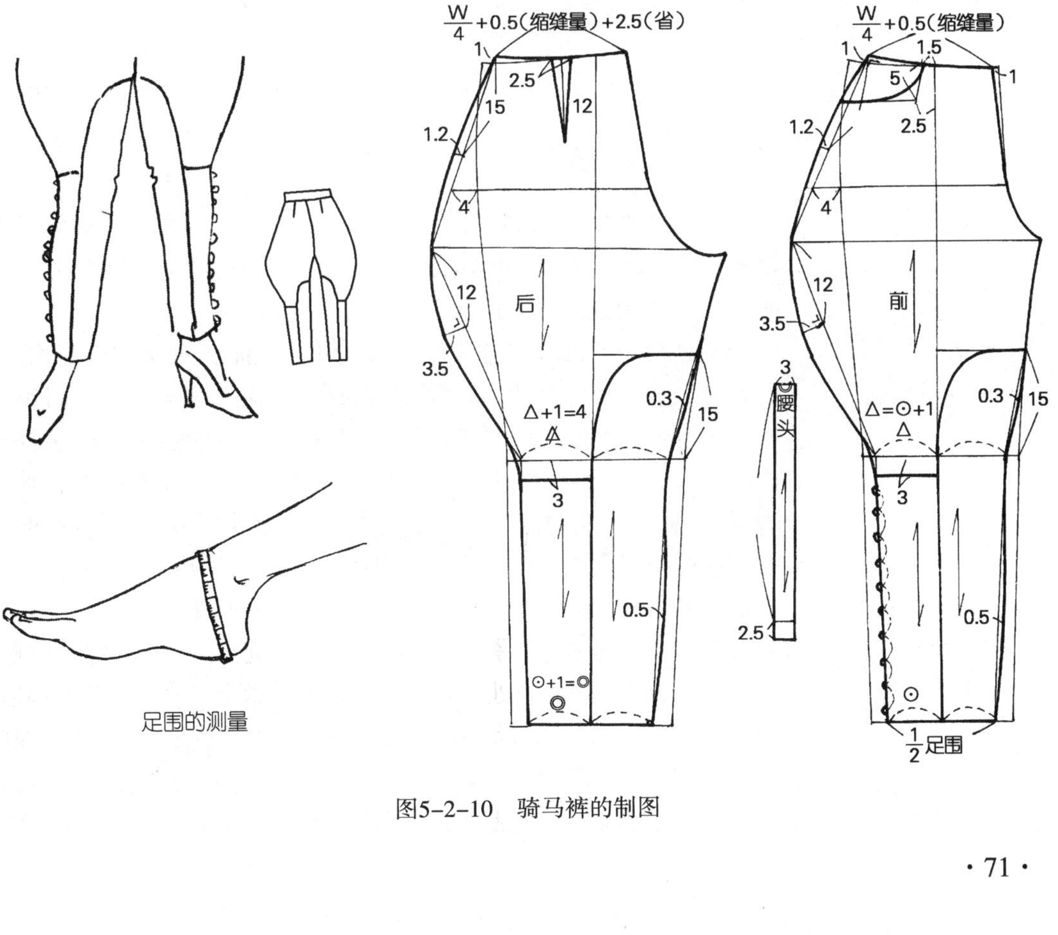

图5-2-10　骑马裤的制图

第三节 女裤腰位、分割、褶裥的变化原理

裤子廓形是裤子的总体外形，而裤子的结构还有很多局部变化，如：腰位的高低、褶裥的位置和数量、分割线的位置和方式等（见图5-3-1）。通常情况下，裤子的局部变化是在总体结构中进行的。下面就具体的款式加以说明。

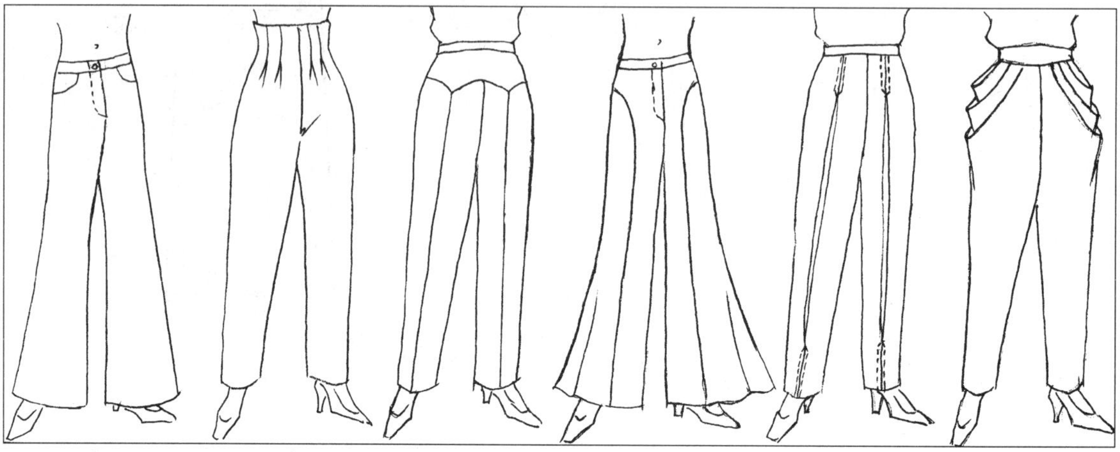

图5-3-1 裤子腰位、分割、褶裥的变化

一、裤子的腰位变化

裤子的腰位变化有三种，即高腰位、正常腰位、低腰位。它是以正常腰线为基准进行上下移动，高于正常腰线的被称为高腰，低于正常腰线的都称为低腰。

高腰裤虽然腰位高于正常腰线，但实际腰线并没有改变，故腰省要处理成菱形，在视觉上强化了臀部的造型，一般情况下，高腰裤比较适合臀部宽松而裤长在脚踝线附近的款式，即锥形裤可选择高腰位的造型；而低腰裤的腰位在正常腰位线以下，臀部的高度和臀腰差均减少，省的作用也随之减弱，因此往往与紧臀、无省、喇叭形裤口的款式相配。正常腰位的裤子由于腰线为人体的实际腰线，因此裤形的选择范围较广，既适合于直筒裤，又适合于锥形裤和喇叭裤。对于直筒裤来说，还可以选择高腰位和低腰位的造型。

以下就高腰和低腰的裤形作一介绍。

（一）图5-3-2为高腰裤的结构，其制图方法为：

采用女裤标准基本纸样，裤腰在正常腰线上提高5 cm，前后片各设4个省，并作菱形省设计，同时在高腰的两侧作收腰处理；裤口收

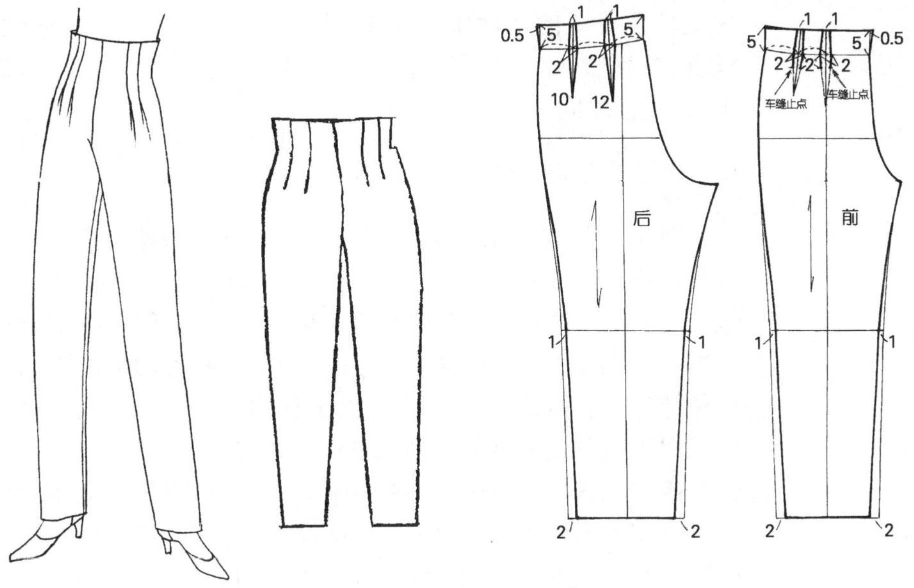

图5-3-2　高腰裤的制图

小，裤长稍减短。

（二）图5-3-3为低腰喇叭裤的结构，其制图方法为：

采用女裤标准基本纸样，裤腰在正常腰线上降低6 cm，其中3 cm为腰头宽度，中裆线在原膝围线上提高4 cm，裤长增加5 cm，裤口宽度加大，并作前凹后凸处理；前裤片取1个省，腰头部分省道线合并，使腰头上翘，同时修顺腰头线，裤片上余下的省量在两侧撇掉，使前裤

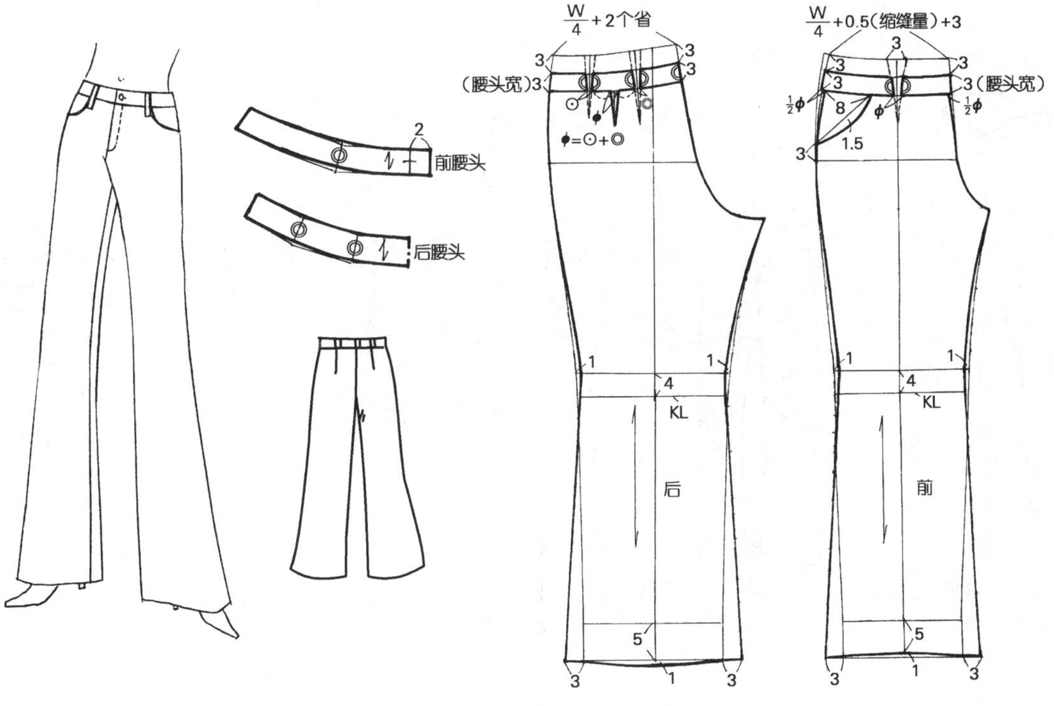

图5-3-3　低腰喇叭裤的制图

片呈现无省结构，然后画出口袋；后裤片取2个省，腰头部分2个省道线合并，使腰头上翘，同时修顺腰头线，裤片上余下的2个省量并作1个省，放在中间。

二、裤子的分割变化

裤子的分割变化主要有：育克分割（横向分割）、直线分割、曲线分割或横线、直线、斜线、曲线组合分割。裤子的分割应在总体结构中进行，分割线的位置对结构有着直接的影响，一般情况下，分割线的位置靠近臀腰部，分割线中往往暗藏着省，起着塑形的作用；分割线的位置远离臀腰部，往往是起装饰的作用。

以下就分割处理的三种裤形作一介绍。

（一）图5-3-4为育克与斜线组合分割的裤形，其制图方法为：

采用女裤标准基本纸样，裤腰在正常腰线上降低3.5 cm，育克高5.5 cm，前裆线距育克分割点10 cm，裤长增加6 cm，裤口宽度加大，并作前凹后凸处理；前后裤片各取1个省，育克部分省道线合并，使育克上翘，同时修顺育克线，裤片上余下的省量在缝制时作缩缝处理，使前后裤片呈现无省结构。裤管上的斜线分割仅仅起到装饰作用。

（二）图5-3-5为前片直线分割的裤形，其制图方法为：

采用女裤标准基本纸样，前后裤片均采用一个省，前片的省设在挺缝线中，作为分割线，将前裤片一分为二，裤口收小，并留出踏脚的长度。

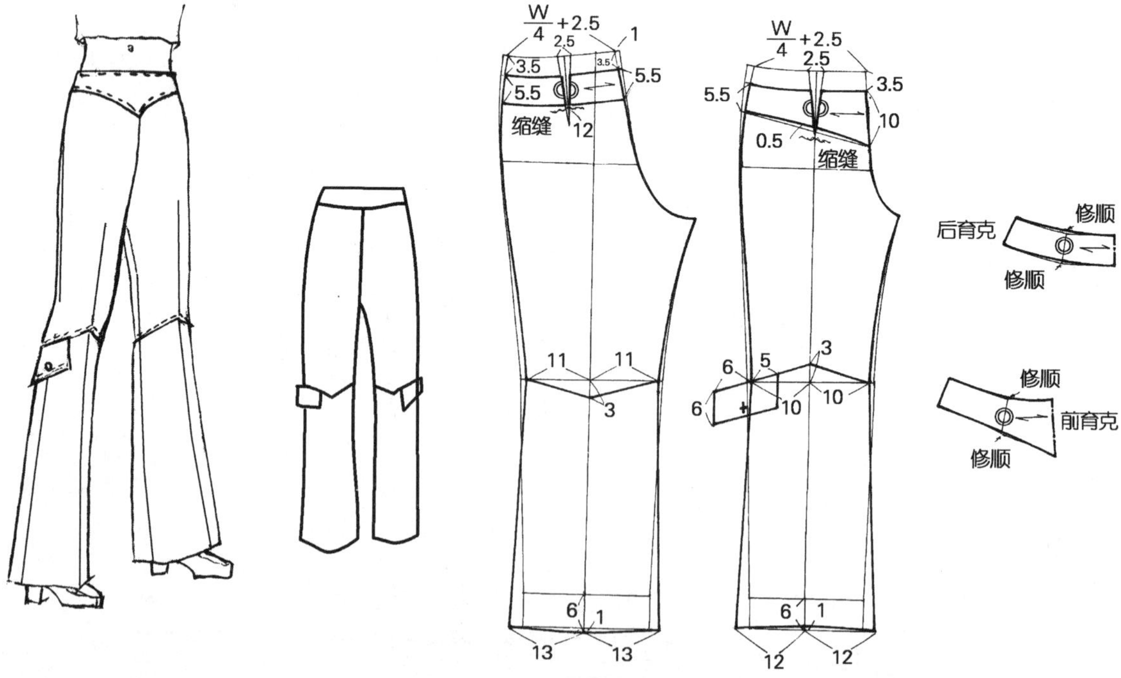

图5-3-4　育克与斜线的分割

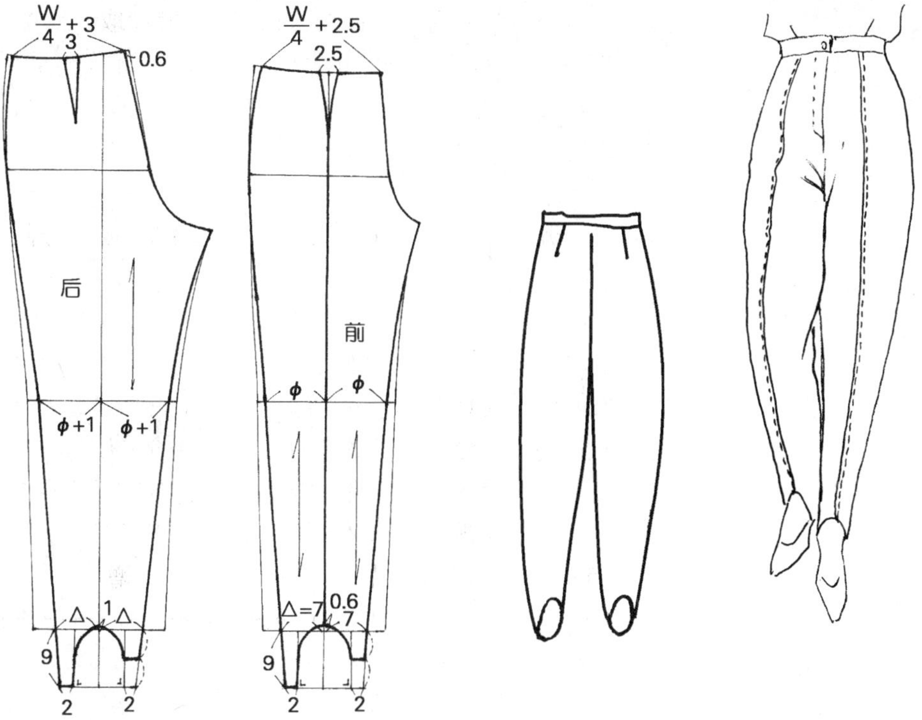

图5-3-5　前片直线分割的踏脚裤

（三）图5-3-6为后片曲线分割的裤形，其制图方法为：

采用女裤标准基本纸样，根据款式要求前片取1个省，裤长增加，裤口加大，并作凹进处理，中裆收小；后片取1个省，强调臀部造型作曲线分割，使臀部、大腿部至膝部贴体，省道暗藏在分割线中，裤口加

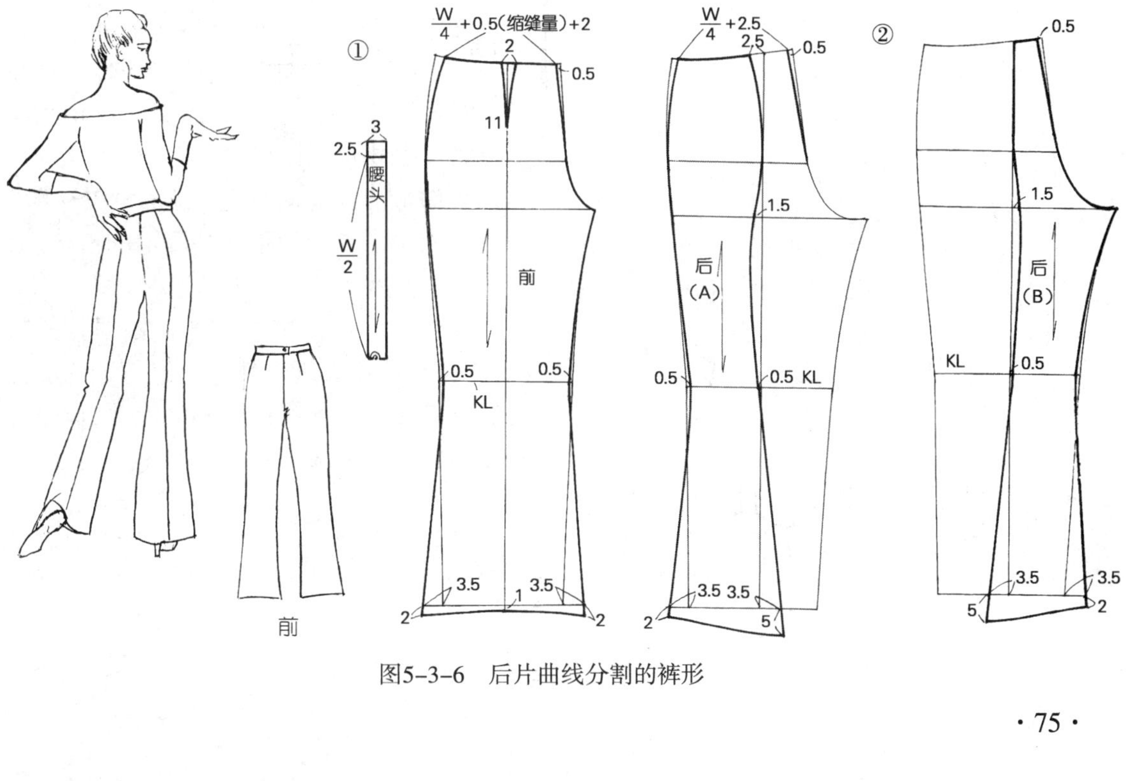

图5-3-6　后片曲线分割的裤形

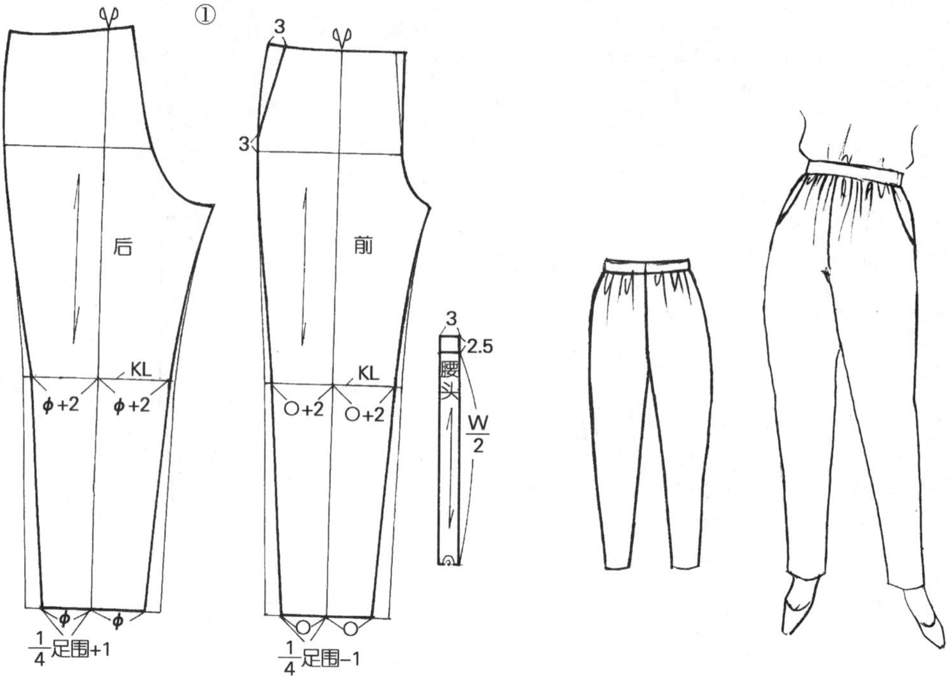

图5–3–7　抽褶裤的制图（一）

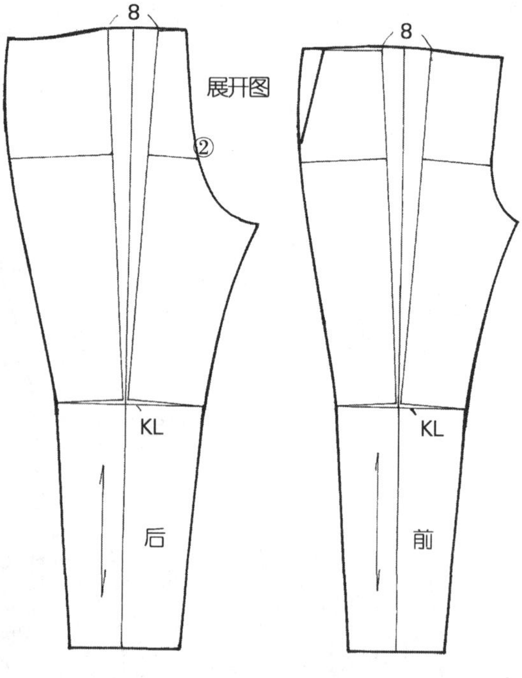

图5–3–7　抽褶裤的制图（二）

大，后裤长大于前裤长。

三、裤子的褶裥变化

与裙子一样，裤子褶的变化也有自然褶和规律褶之分，但其变化程度远不如裙子那么丰富，裤子常用的褶是活褶和缩褶，少量的也有打裥褶、波浪褶和立体褶。裤子的褶裥变化常在倒梯形和菱形中运用。

下面就褶裥变化的几种裤形加以介绍。

（一）图5–3–7为腰部抽碎褶的裤形，其制图方法为：

采用女裤标准基本纸样，根据款式特点，作裤口收小处理。然后通过剪开前后挺缝线至中裆线并修顺内外侧缝线，腰口张开量作为增加的抽褶量。

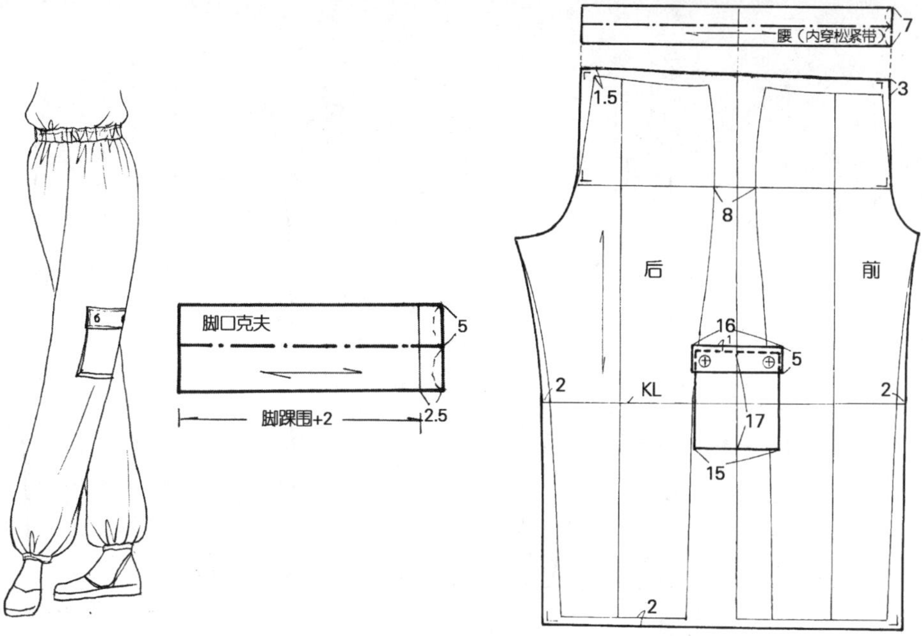

图5-3-8　腰部抽碎褶的运动裤

（二）图5-3-8为抽碎褶的运动裤形，其制图方法为：

采用女裤标准基本纸样，由于运动裤特别强调功能性，故裤子的长度在直裆和脚口部分均增加，前、后裆斜线变直，臀部的量增加变为腰部和裤口的抽褶量。裤口采用克夫收小。

（三）图5-3-9为前片打暗褶裥的裤形，其制图方法为：

采用女裤标准基本纸样，根据款式特点，作裤口收小处理。前片在挺缝线上作1个省并作为暗褶裥的剪开线，在剪开线中间放入暗裥的量，为使暗裥美观，臀围线以上部分和裤口线以上一小部分车缝固定。

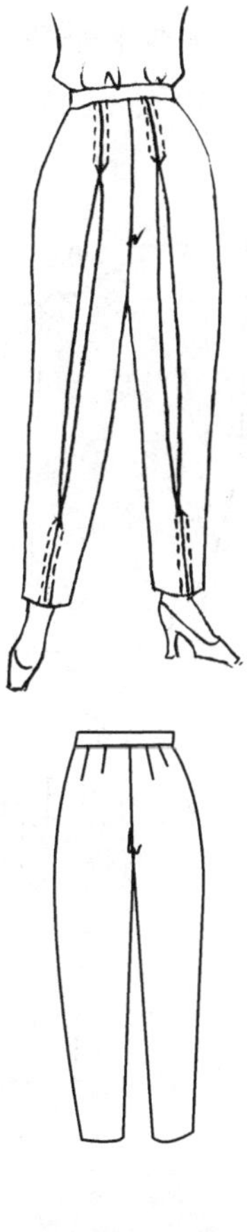

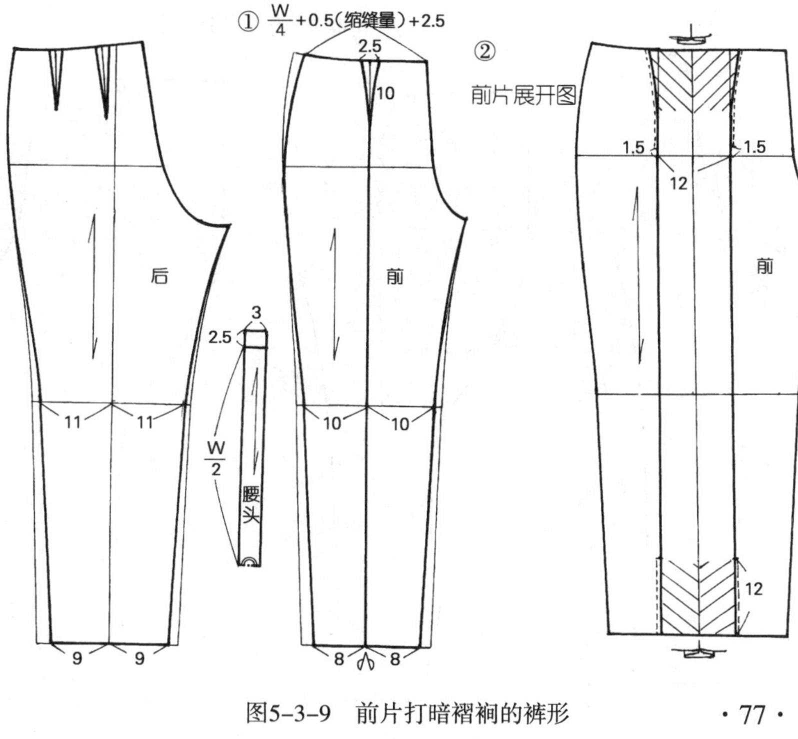

图5-3-9　前片打暗褶裥的裤形

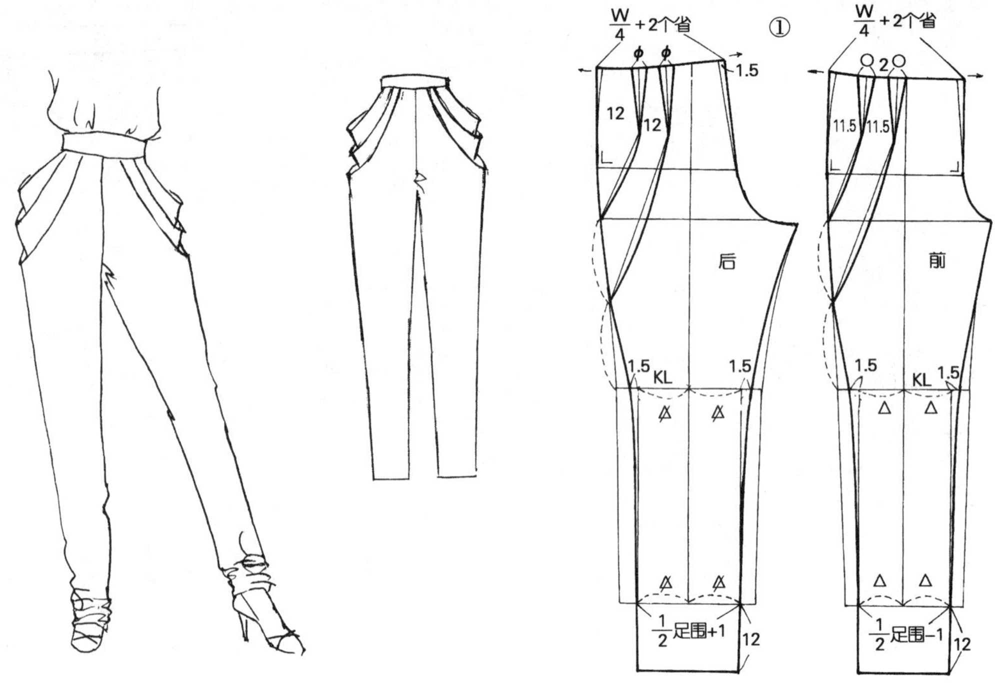

图5-3-10　立体褶裥的裤形（一）

（四）图5-3-10为立体褶裥的裤形，其制图方法为：

（1）采用女裤标准基本纸样，根据款式特点，画出裤子总体形状及立体褶的款式线，注意立体褶的款式线须通过省尖；

（2）将立体褶的款式线剪开，并放出褶量5 cm，再将挺缝线向上延伸8 cm取点A，从A点向侧缝方向作水平线；

（3）将褶量进一步展开，使侧腰点D与上升的水平线相交，并延长水平线使D点左右水平线等长，即AD=DE，再作水平线的垂线，使之与侧缝剪开点B相交，最后画顺侧缝线；

（4）后片的制图方法同前片。

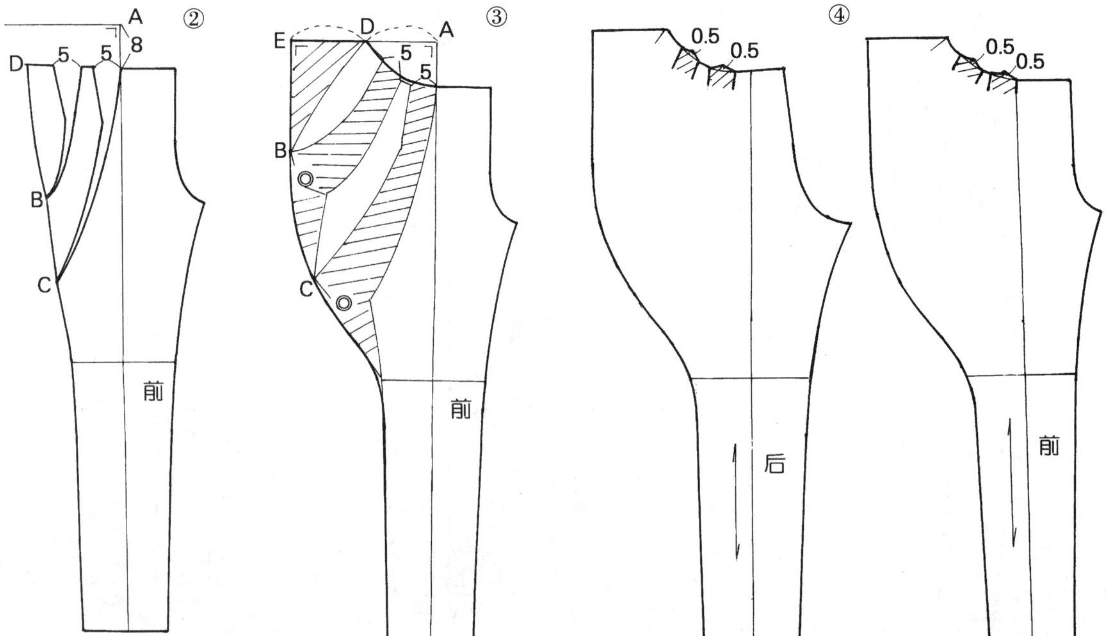

图5-3-10　立体褶裥的裤形（二）

第六章　裙裤的基本结构及其变化原理

第一节　裙裤的基本结构

裙裤是裤子的简单形式，裙子的复杂结构。它在外形上给人以裙子的感觉，但在结构上却保留着裤子横裆的结构。

裙裤可分为窄型裙裤和宽型裙裤，见图6-1-1。窄型裙裤的下摆较小，追求合身效果，直裆尺寸增加较小，一般采用裤子的直裆加2 cm左右。宽型裙裤的下摆较大，横裆线也随之下降，因此直裆尺寸应增加，增加的量应比窄型裙裤要多一些，而横裆的尺寸也略增大，见图6-1-2。

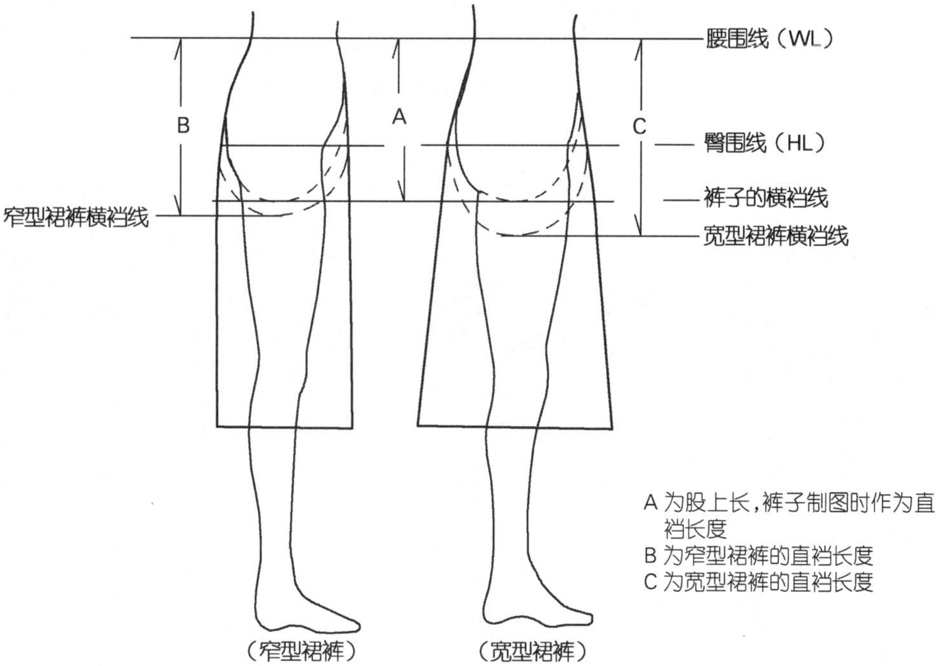

图6-1-1　裤子、窄型裙裤、宽型裙裤直裆长度比较图（A<B<C）

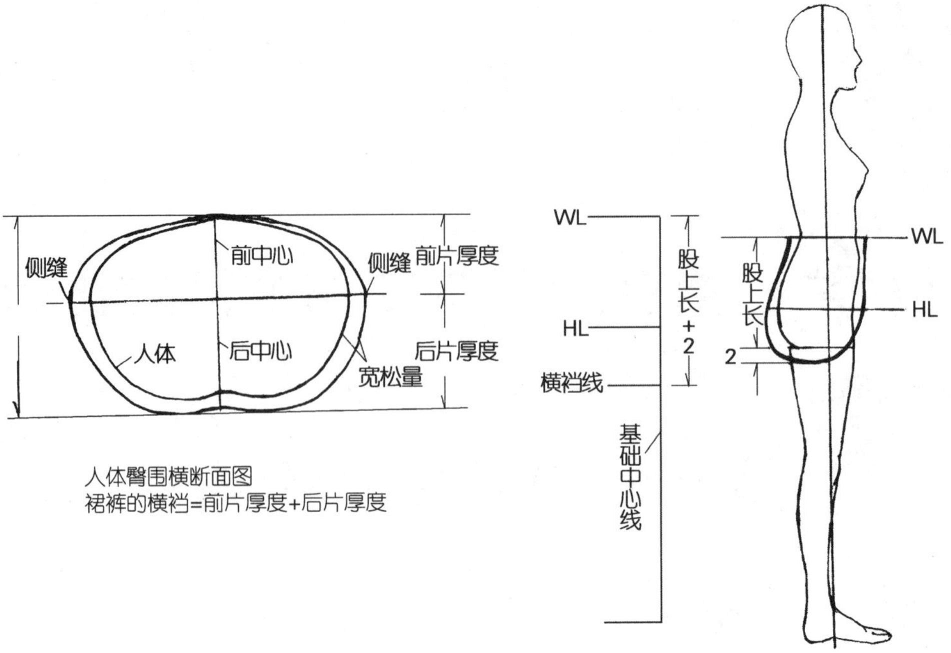

人体臀围横断面图
裙裤的横裆=前片厚度+后片厚度

裙裤直裆的长度应比裤子直裆(股上长)的长度要长。

图6-1-2　裙裤横裆、直裆确定的依据

裙裤的基本结构是裙子和裤子的结合体,见图6-1-3。其外形追求裙子的效果,结构上却保留了裤子的横裆,因此它和裤子一样有两个裤管。其制图原理见图6-1-4,制作步骤及要点如下:

1. 作前裆弯线和内缝线:在前裙片上,从腰围线向下取直裆深27 cm为横裆线,然后将前臀围宽三等份,取其中的一等份为前裆宽,

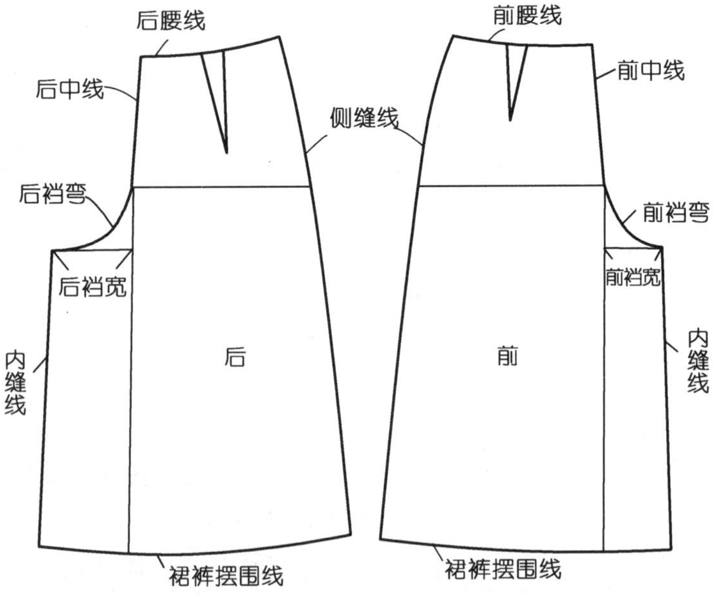

图6-1-3　裙裤的基本结构是裙子和裤子的结合体

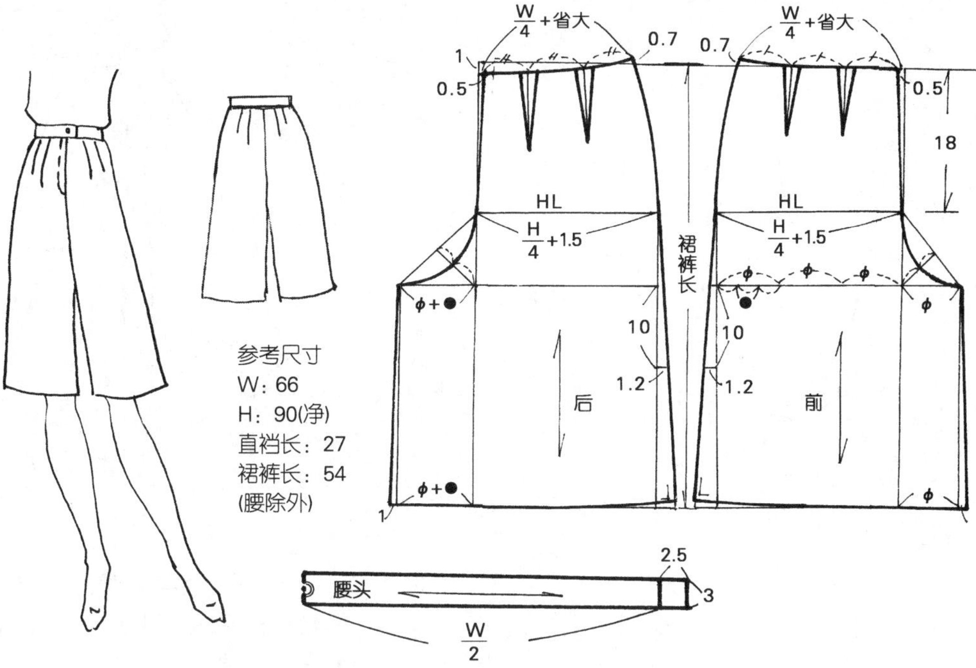

图6-1-4　裙裤基础型

如图画出前裆弯线和内缝线。

2. 作后裆弯线和内缝线：在后裙片上，取与前片同样的直裆深，后裆宽为前裆宽再加上前裆宽尺寸的三分之一，如图画出后裆弯线和内缝线。

3. 前后侧缝线：从侧臀围宽点向下引一条与臀围线互相垂直的线，截取10 cm并向外取1.2 cm定一点，将该点与侧臀围点连接并延长，与下摆线相交，最后在下摆处作起翘处理。

第二节　裙裤廓形变化原理

裙裤的廓形变化与裙子相同，以裤摆的宽度来划分，有：基本型裙裤、A字型裙裤、斜型裙裤、半圆型裙裤和整圆型裙裤，见图6-2-1。在图6-2-1中可以看出，从基本型裙裤到整圆型裙裤，其裙裤摆是由窄小到宽大，外形是由合体逐渐向宽松变化。在裙裤摆的变化过程中要遵循以下原则：

1. 无论裙裤怎样变化，内缝线相对稳定。这是由于裙裤的内缝线处于两腿之间，如果在内缝线上增加过多的量，人体活动时会增加摩擦，而人体处于静态时，则因两腿间过多的褶量而影响舒适度和美感。

图6-2-1　裙裤的廓形变化

2. 因裙裤保留着裤子的横裆结构，裙裤臀部放松量随下摆的变化而变化,裙裤横裆的尺寸相对裤子增大而灵活。裙裤摆量增大,裙裤臀部放松量也增大,横裆需适当加宽,直裆适当加深。因为横裆窄、直裆浅对外观的牵制就大,而表现为接近于裤子的外形,臀部外凸明显。反之,就越接近于裙子的外形。

一、基本型裙裤

前一节所述的裙裤的基本结构即是基本型裙裤,见图6-1-3。

二、A字型裙裤

见图6-2-2，其变化原理同A型裙，将其中的一个腰省转移至裤摆,修顺腰线、侧缝线和裤摆线,横裆采用基本型裙裤的结构。

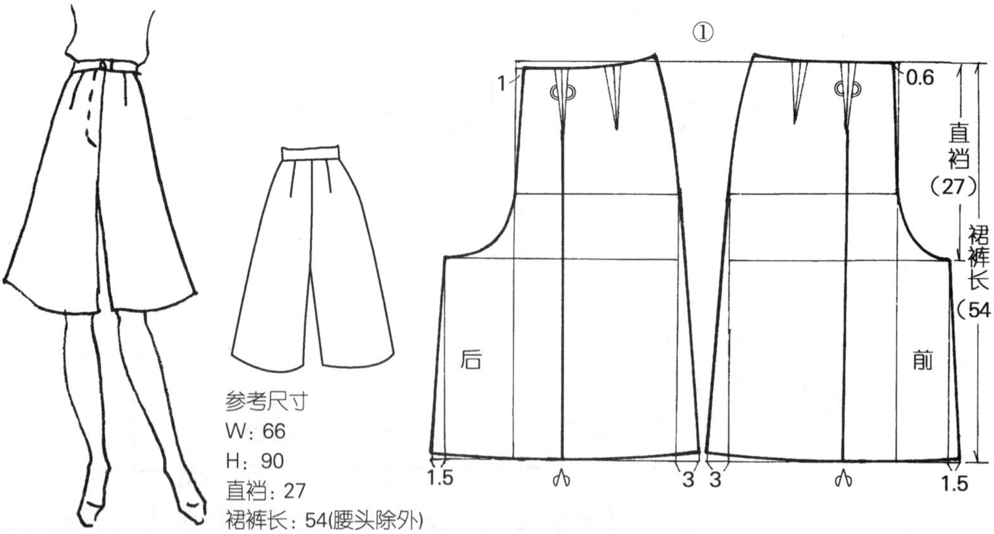

图6-2-2　A字型裙裤

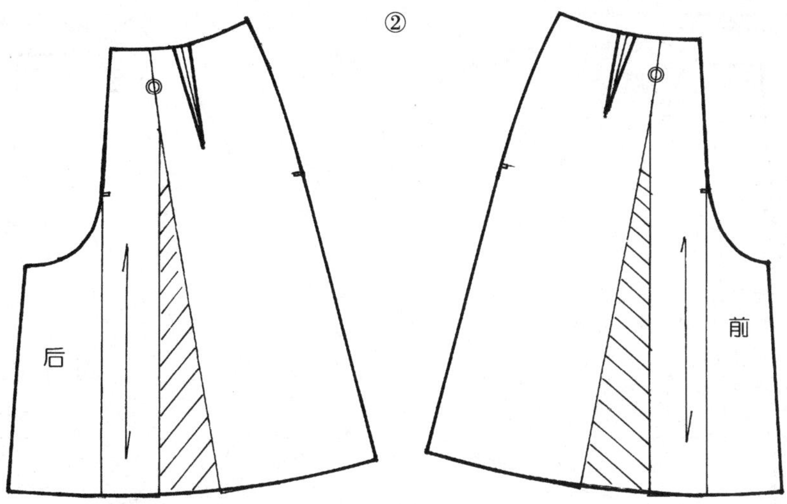

图6-2-2　A字型裙裤

制图要点：省道转移至裙裤摆后，使摆围增大，侧缝往外张大，根据裙裤廓形的变化原理，内缝线的量可适当增加。腰头制图同基本型裙裤。

三、斜型裙裤

见图6-2-3，其变化原理同斜型裙，将两个腰省全部转移至裤摆，修顺腰线、侧缝线和裤摆线。

制图要点：同A字型裙裤，根据裙裤廓形的变化原理，由于摆围和臀围都增大了，外形又要接近于裙子，故横裆和直裆的量需适当增加。腰头制图同基本型裙裤。

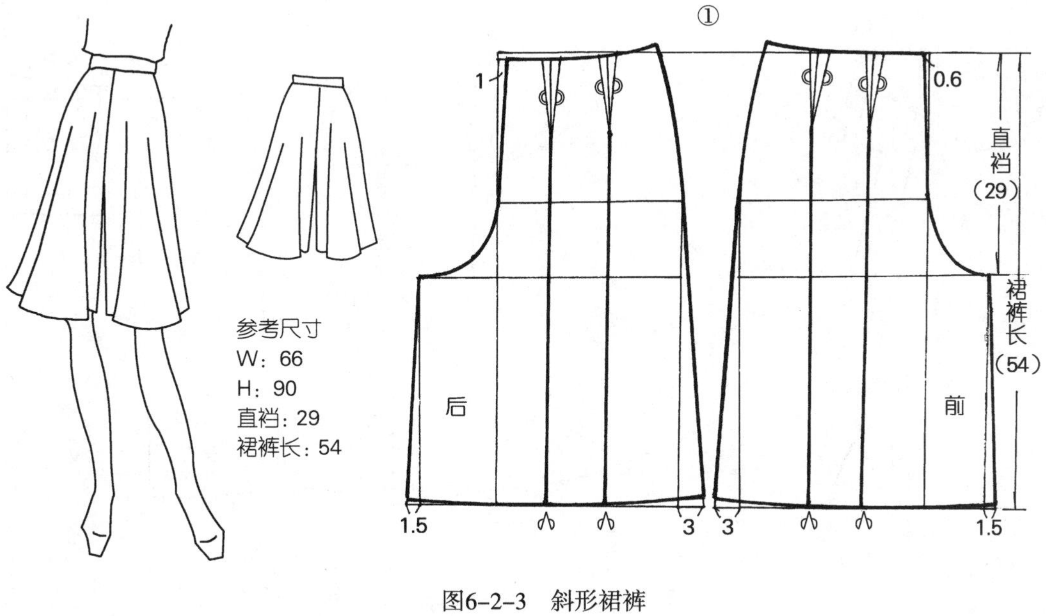

图6-2-3　斜形裙裤

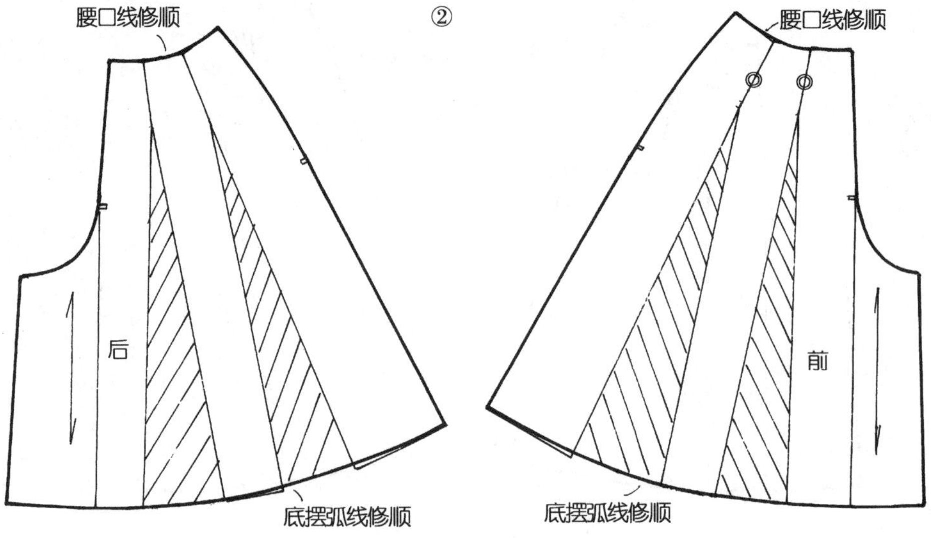

图6-2-3　斜形裙裤

四、半圆型和整圆型裙裤

见图6-2-4，其变化原理同半圆型和整圆型裙。

制图要点：同斜型裙裤，根据裙裤廓形的变化原理，由于摆围和臀围都增大了，外形又要接近于裙子，故横裆和直裆的量需适当增加。腰头制图同基本型裙裤。

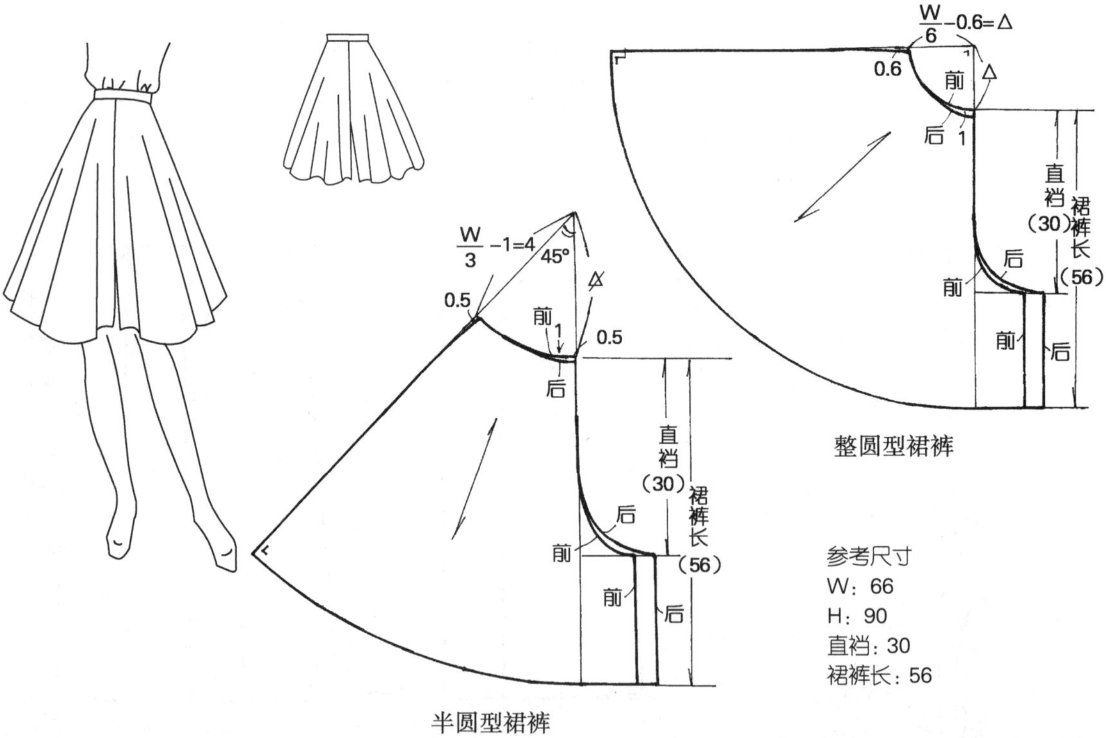

图6-2-4　半圆型裙裤和整圆型裙裤

第三节　裙裤腰位、分割、褶裥的变化原理

与裙子和裤子一样，裙裤除了整体外形的变化外，还有腰位、分割、褶裥等的细节变化，见图6–3–1。

高腰位裙裤　　竖线分割的裙裤　　打活褶的裙裤

图6–3–1　裙裤腰位、分割、褶裥的变化

一、裙裤腰位的变化

裙裤腰位的变化主要有正常腰线和高腰线两种，低腰线由于强调臀部的显凸而很少用于裙裤中。图6–3–2为高腰位育克和缩褶结合的裙裤，其变化结合了裤子、裙子和裙裤原理来进行制图。

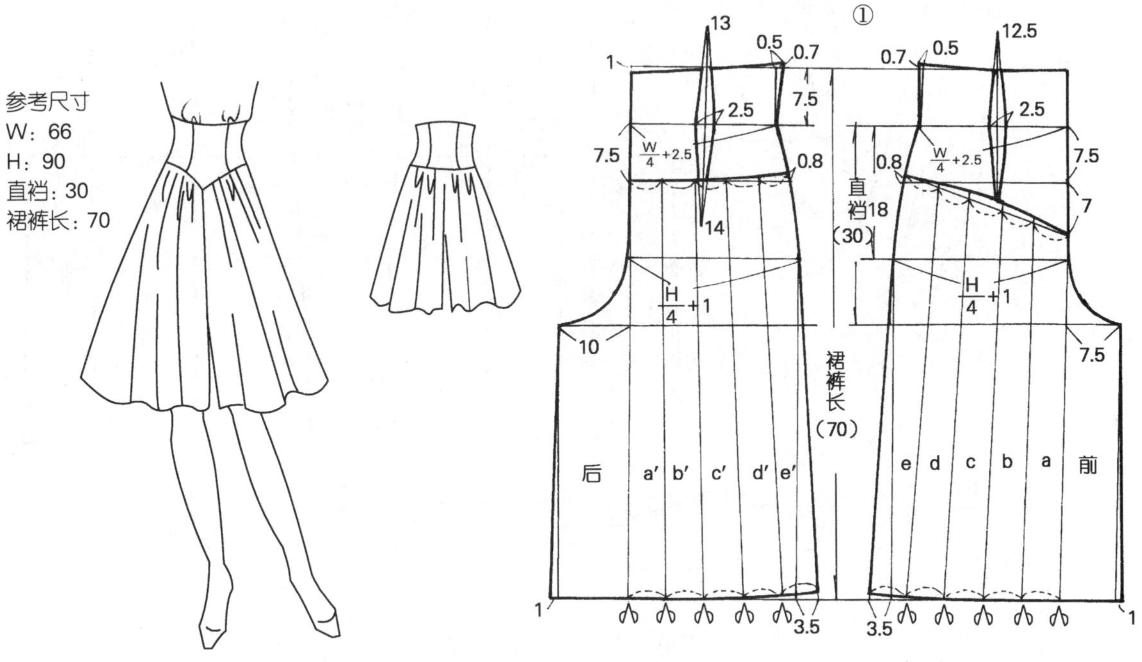

图6–3–2　高腰育克与缩褶结合的裙裤

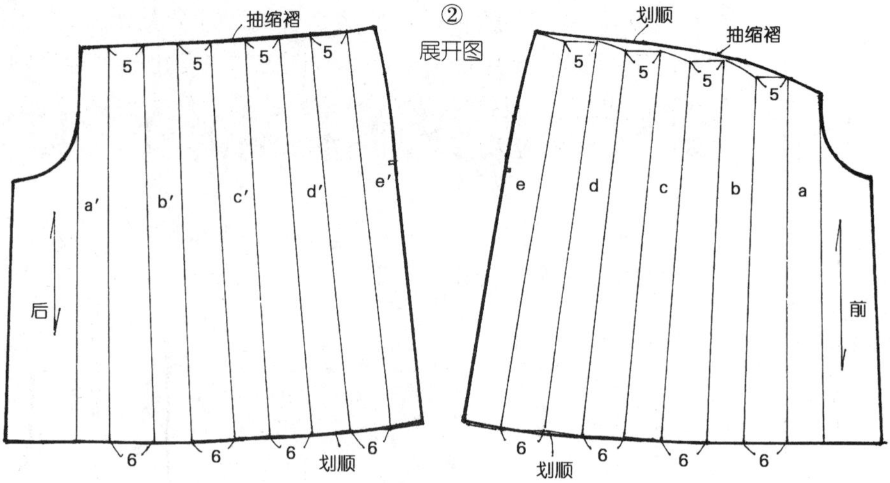

图6-3-2　高腰育克与缩褶结合的裙裤

二、裙裤分割的变化

裙裤分割的变化同裙子和裤子一样，有直线、横线（育克）、曲线等分割方式，而直线又有六片、八片、九片、十片等分割方式。其变化结合了裙子、裤子和裙裤的制图原理，以下是两款分割设计的裙裤。

图6-3-3是一款直线分割的裙裤，变化原理是将腰省并入分割线中。

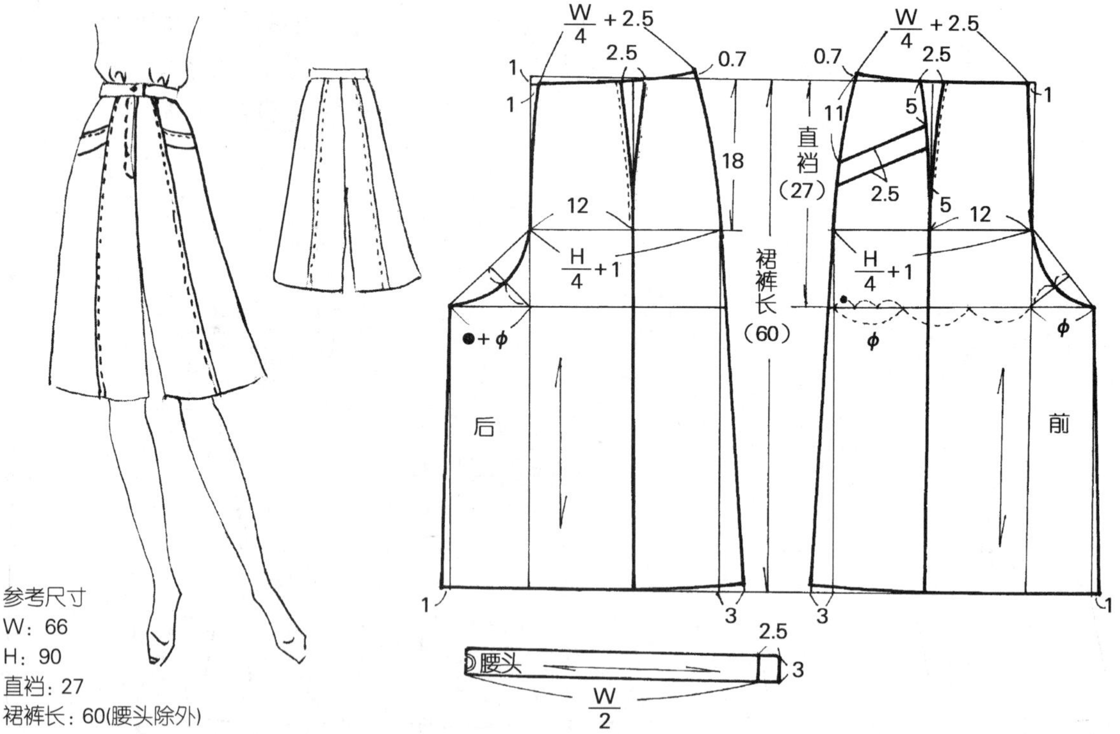

图6-3-3　直线分割裙裤

图6-3-4是一款直线和曲线结合的多片分割裙裤，由于前后片分割相同，采用前后片重叠的简单制图方法。变化原理是将两个腰省都并入分割线中，根据款式特点，横裆线以上较为合体，横裆线以下逐渐张大，有着鱼尾裙的效果。图6-3-5是该款的分解裤片。

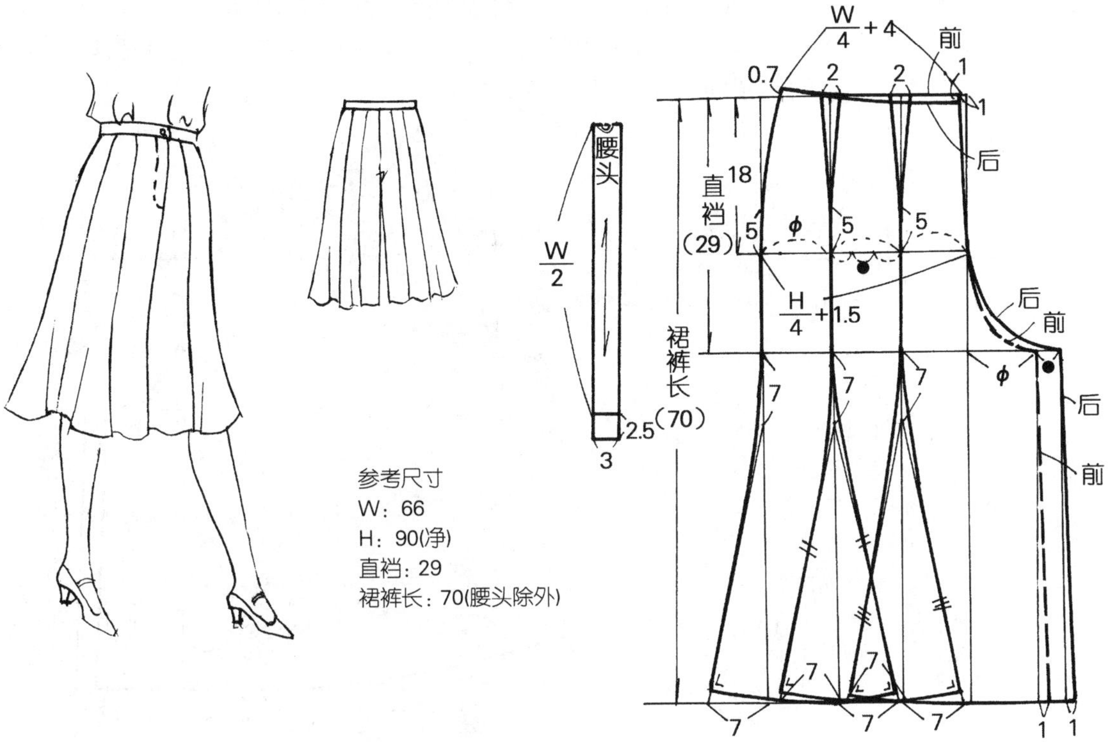

图6-3-4　多片分割裙裤

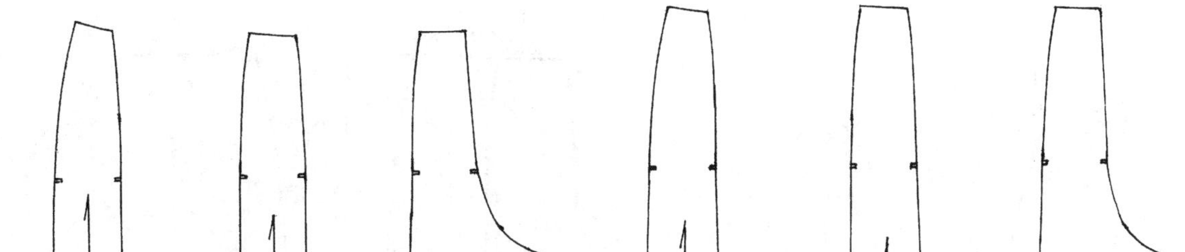

图6-3-5　多片分割裙裤的分解图

三、裙裤褶裥的变化

与裙子的褶裥变化一样，裙裤的褶裥变化也有自然褶和规律褶之分。有了裙子褶裥变化的知识,裙裤褶裥的变化就显得较为容易了。

图6-3-6为一款打活褶的裙裤。该款腰口打活褶,下摆呈张开状,外形似斜裙,故采用斜裙的直角旋转裁剪法,再加上横裆即可。后片的制图同前片,后腰口低落1 cm,后横裆比前片大2.5 cm。

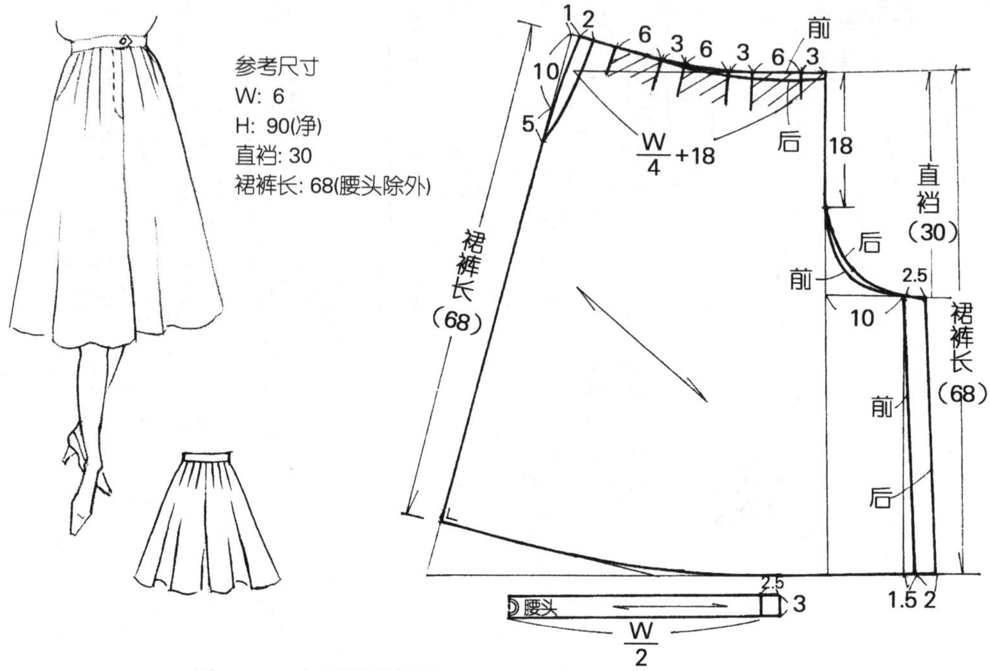

图6-3-6　打活褶的裙裤

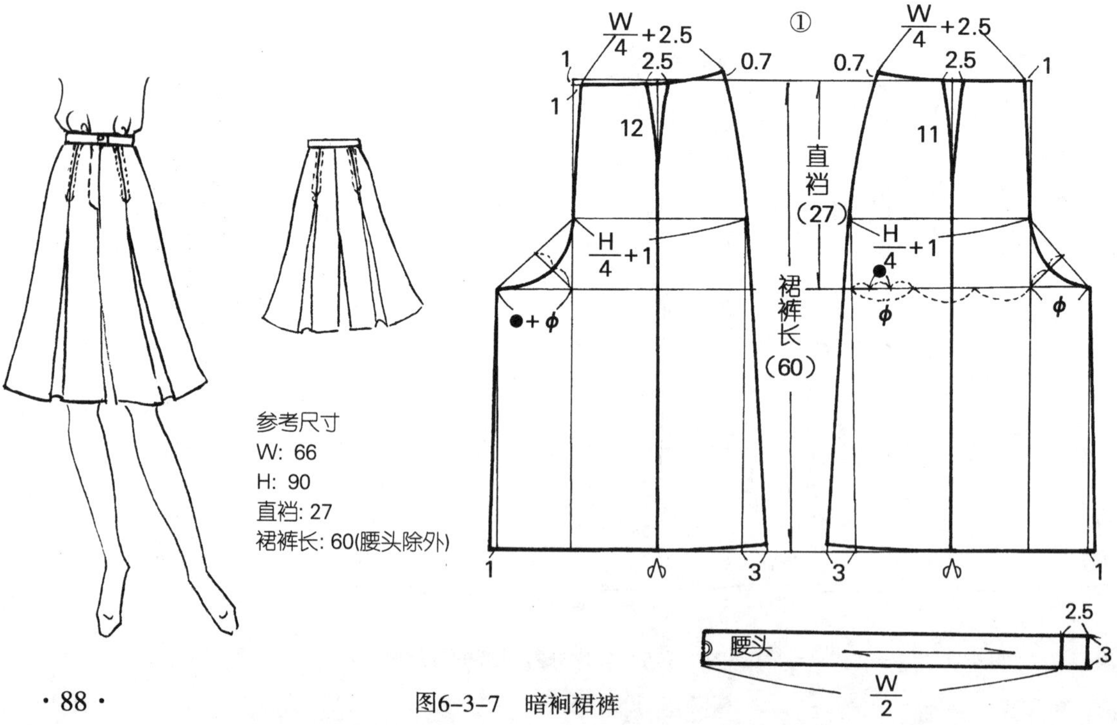

图6-3-7　暗裥裙裤

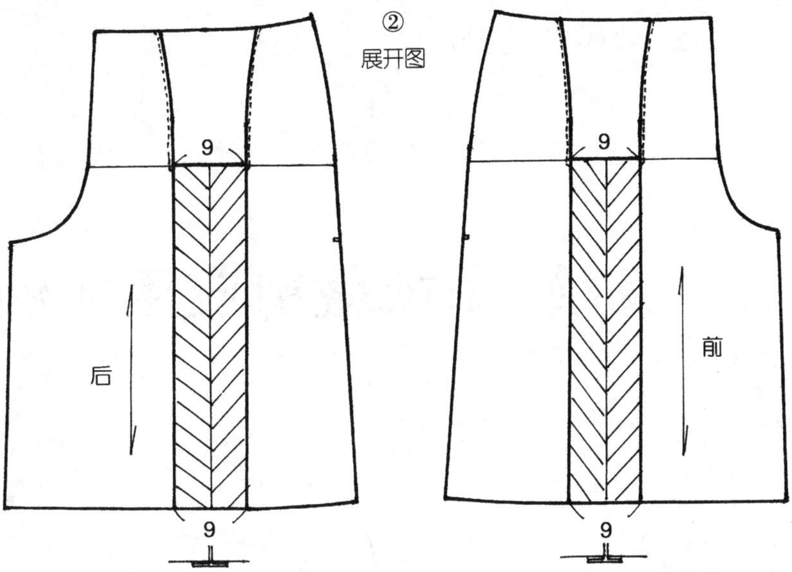

图6-3-7　暗裥裙裤

图6-3-7为一款暗裥裙裤。该款通过腰省在前后片共打四个暗裥，省道藏在暗裥缝里，暗裥量放入后，下摆量增大，便于活动。后片的制图同前片，后腰口低落1 cm，后横裆宽为前裆宽再加上前裆宽尺寸的三分之一。

第七章　女裤、裙裤裁剪应用实例

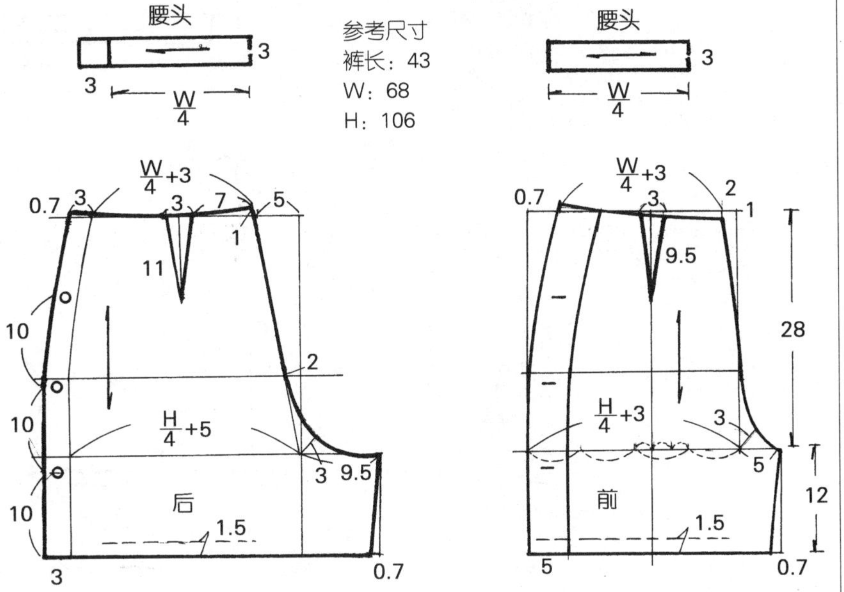

图7-1

这是一款右侧作开襟钉装饰扣的超短短裤。为穿脱方便，右侧开襟上部做成实用的活开口，下部固定缝住。此款式给人精悍，充满活力的美感。

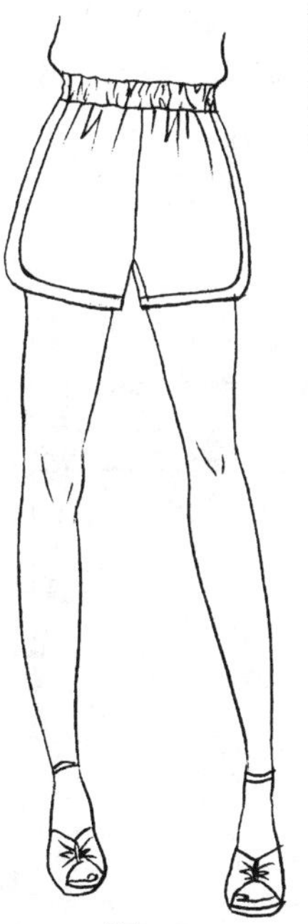

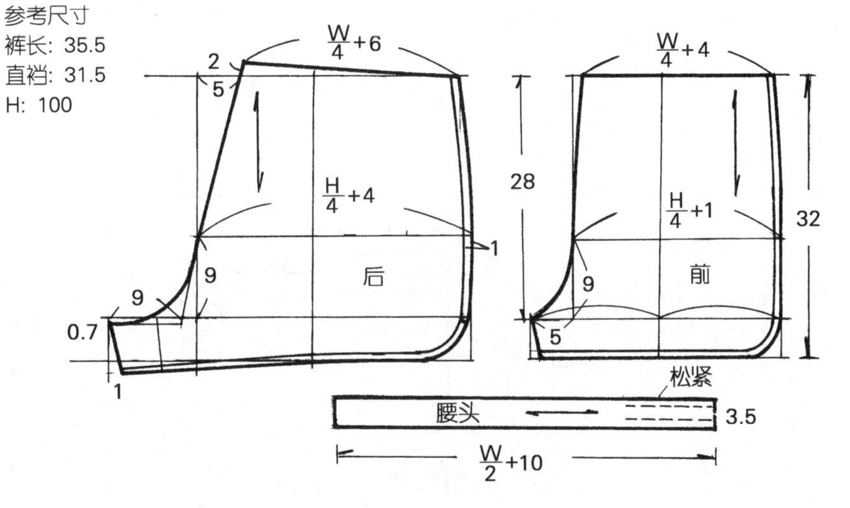

图7-2

该款式以侧缝相拼适当宽边（别布）为特色的超短短裤。腰部用松紧带，侧缝采用圆角的设计，更显少女修长的线条之美。

参考尺寸
裤长：46
W：66
H：128
直裆：32

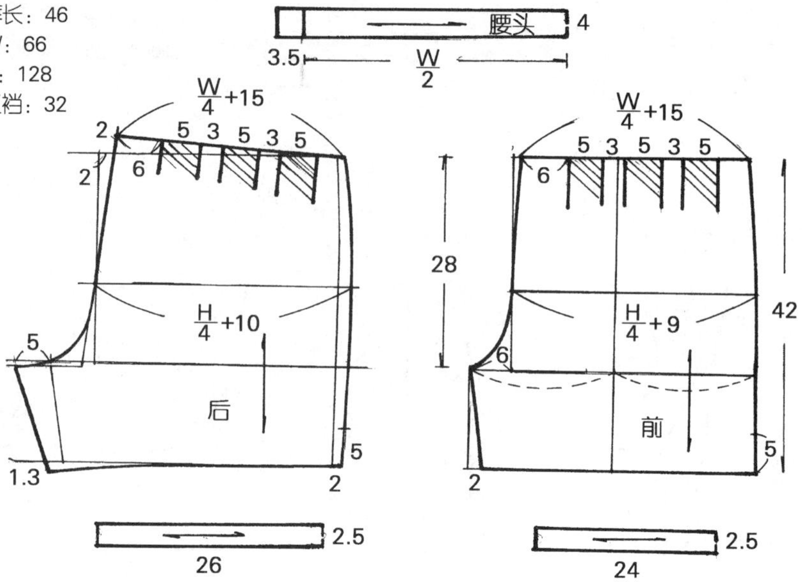

该款是有相当宽松量的灯笼短裤。前后片各有6个大褶，裤口克夫的大小可根据大腿的围度适当的增减。

图7-3

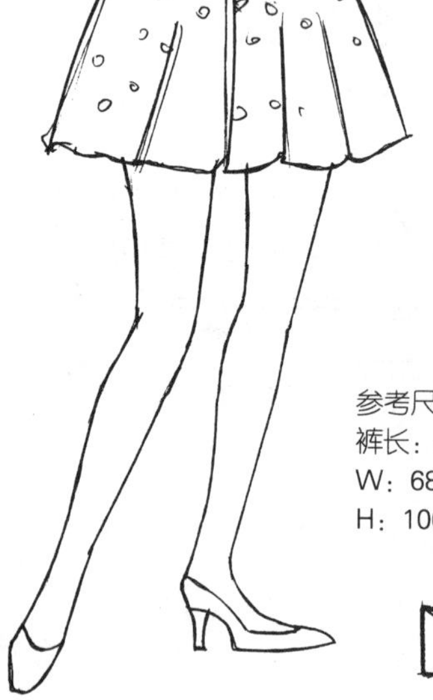

这是一款有A字形连腰的超短短裤。其特点是在连腰的中间缉松紧带。使腰部上端自然成褶状，有衬托、美化腰部作用。

参考尺寸
裤长：43
W：68
H：106

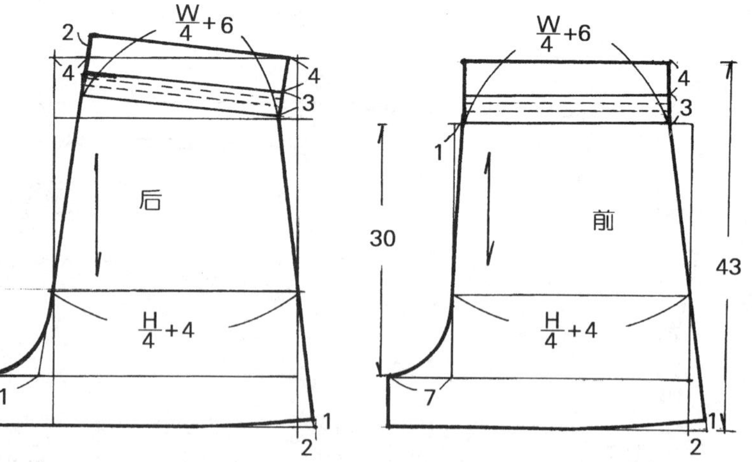

图7-4

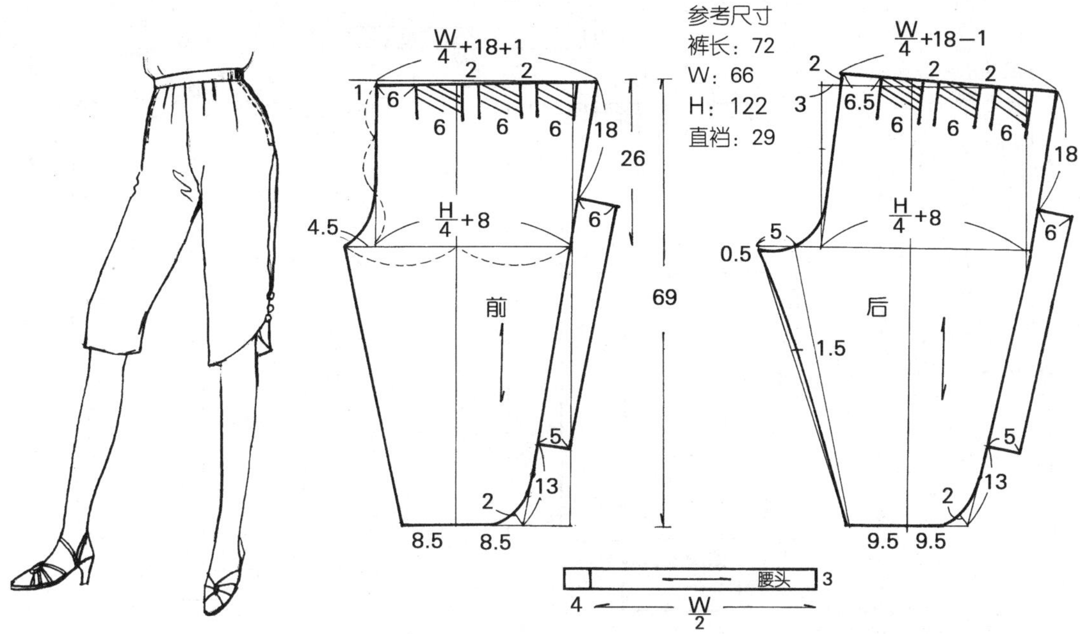

图7-5

该款为上宽下紧的过膝中裤，在侧缝处有一暗裥，并在下端处修成弧线，加三粒装饰扣，显露出一种飒爽活泼、休闲随意的生活气息。

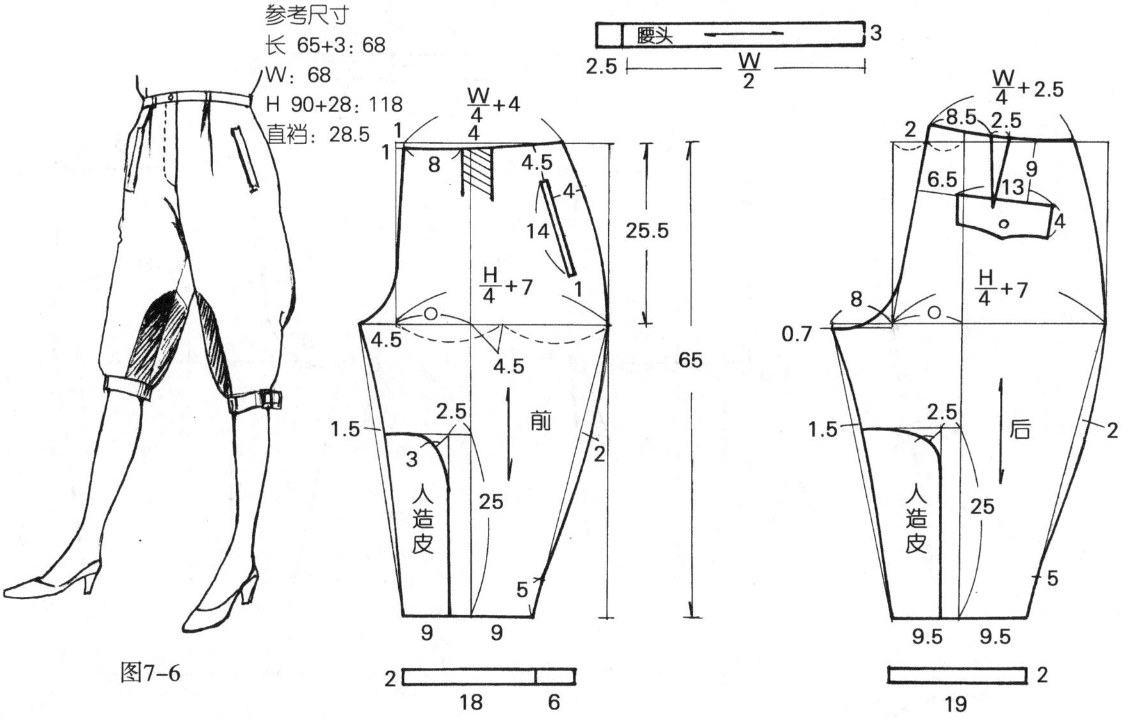

图7-6

该款在外形上有马裤的造形风格，侧缝线往外突出，前片左右两只一字斜挖袋，后片一只有袋盖挖袋，裤子的内侧运用了相拼块的设计，为穿脱方便，别忘侧缝开一小衩。

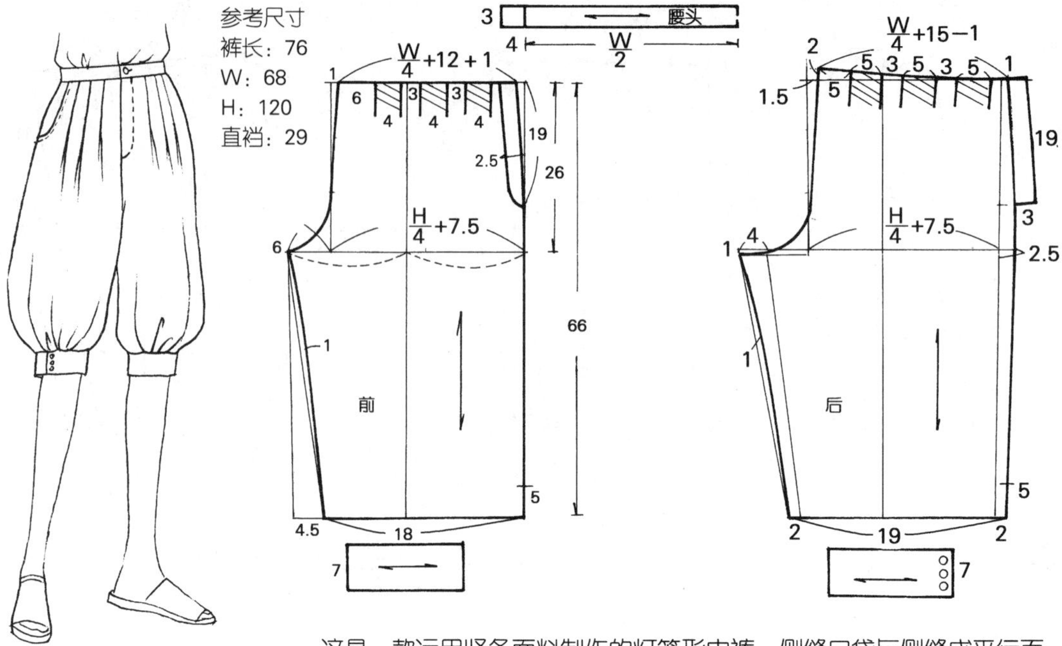

图7–7

这是一款运用竖条面料制作的灯笼形中裤，侧缝口袋与侧缝成平行而趋于弧线，裤口的克夫长度可根据腿围适当增减，能更好地衬托出其简洁、明快的美感。

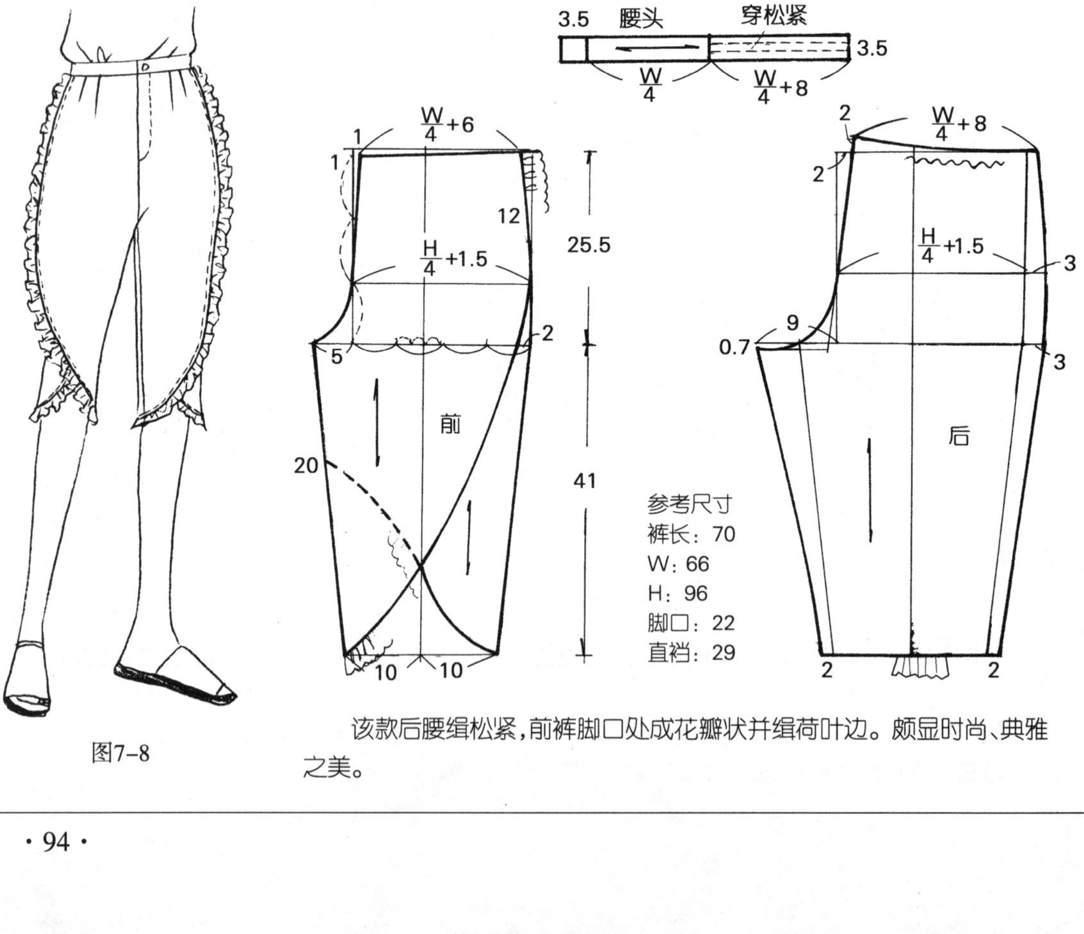

图7–8

该款后腰缉松紧，前裤脚口处成花瓣状并缉荷叶边。颇显时尚、典雅之美。

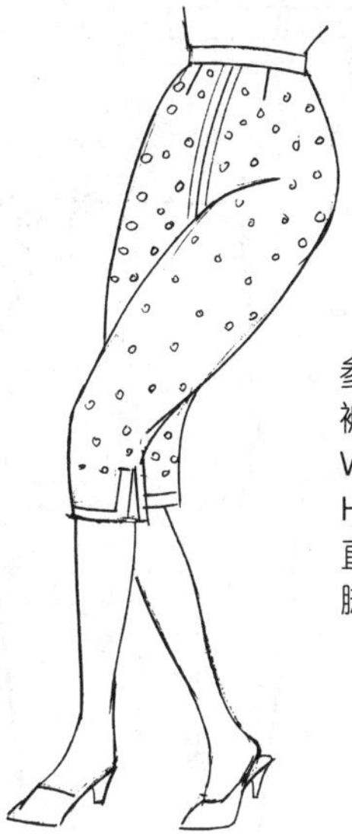

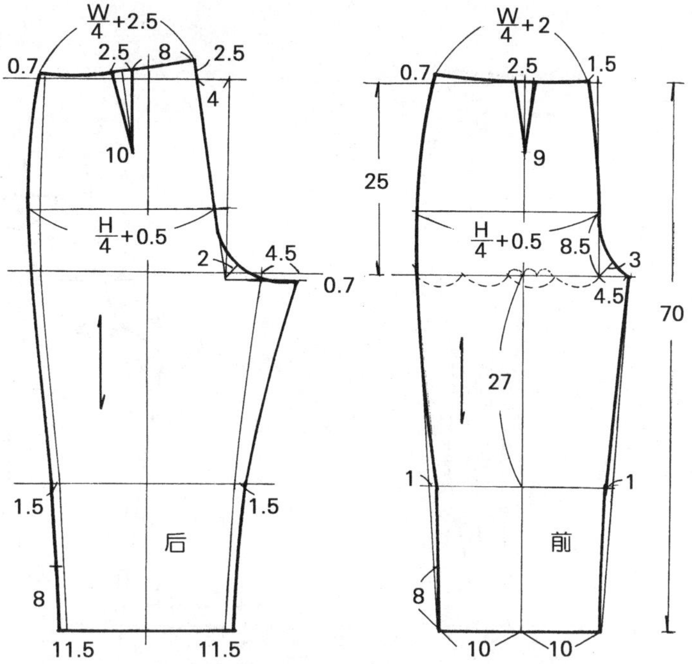

参考尺寸
裤长：73
W：68
H：92
直裆：28
脚口：21

图7-9

这是一款合体过膝中裤。裤口两侧缝开衩，既有装饰性又有机能性。运用弹力印花面料效果更佳。

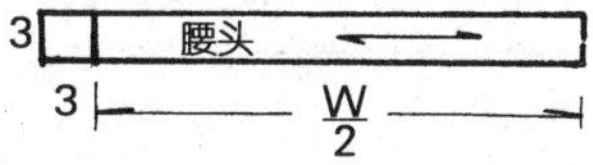

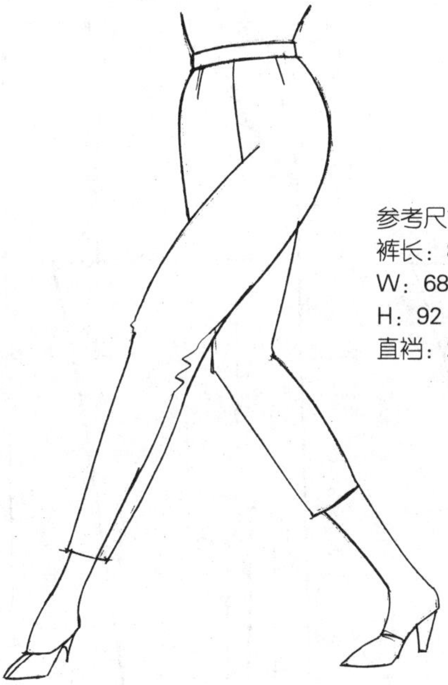

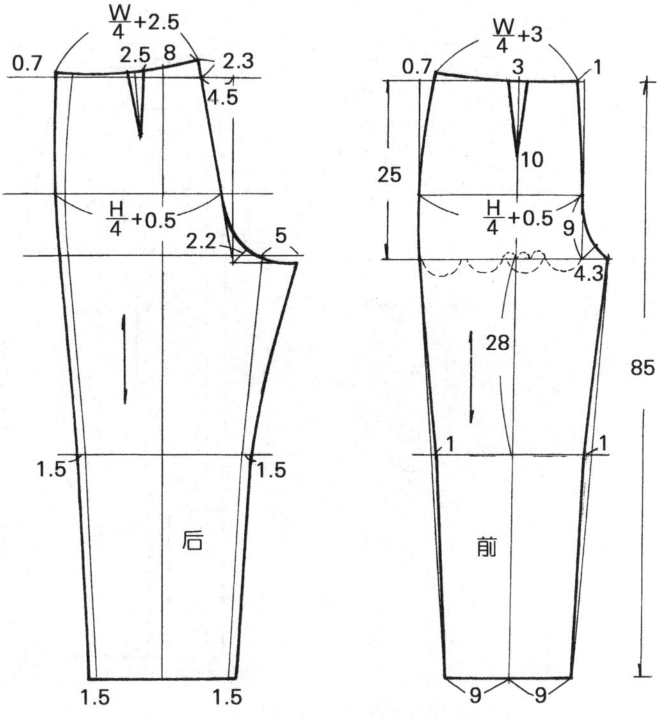

参考尺寸
裤长：88
W：68
H：92
直裆：28

图7-10

这也是一款运用弹力面料制成的九分裤。腰头开口可放在右侧缝或后中，前后各两只省。

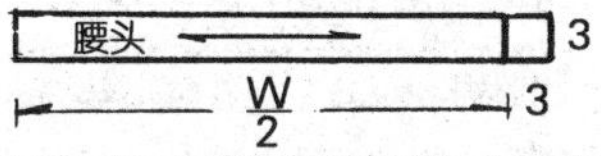

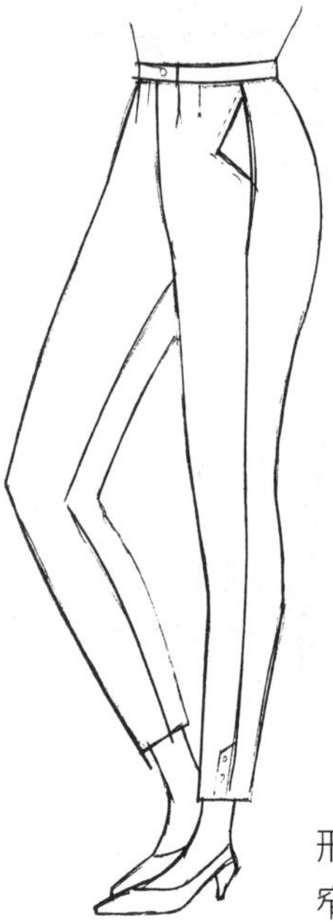

参考尺寸
裤长：96
W：68
H：106
直裆：30

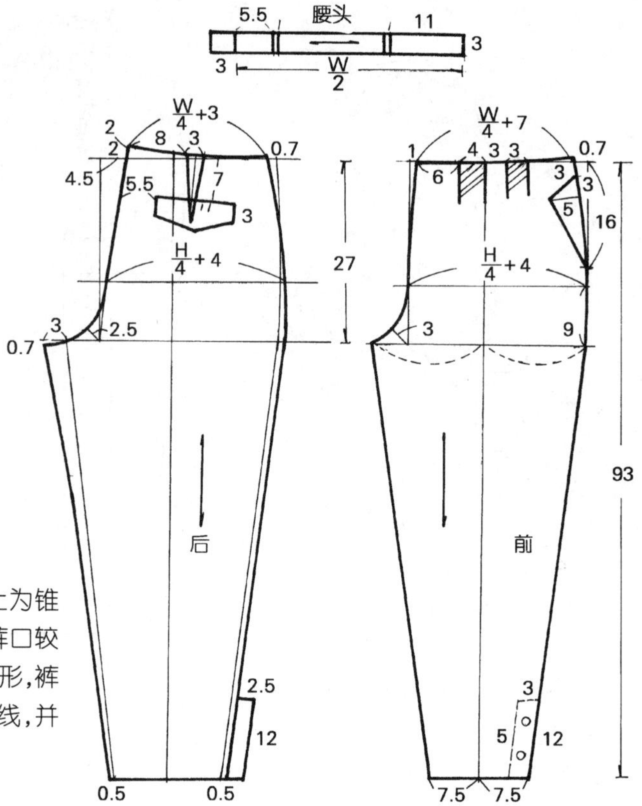

该款式在外形上为锥形裤，上面宽松，裤口较窄。侧缝袋口成三角形，裤口侧缝处开衩、缉明线，并钉装饰扣。

图7-11

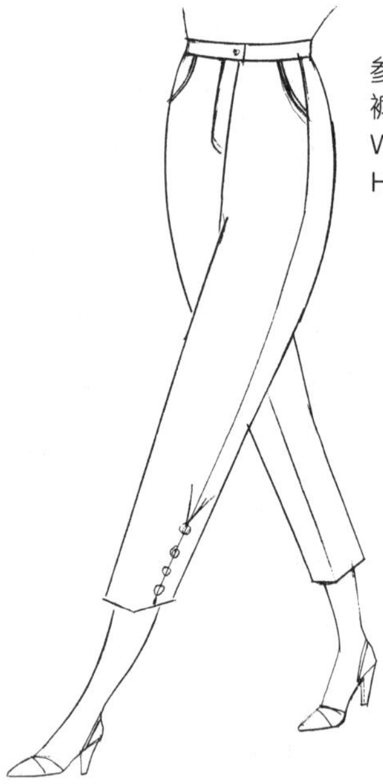

参考尺寸
裤长：86
W：68
H：98

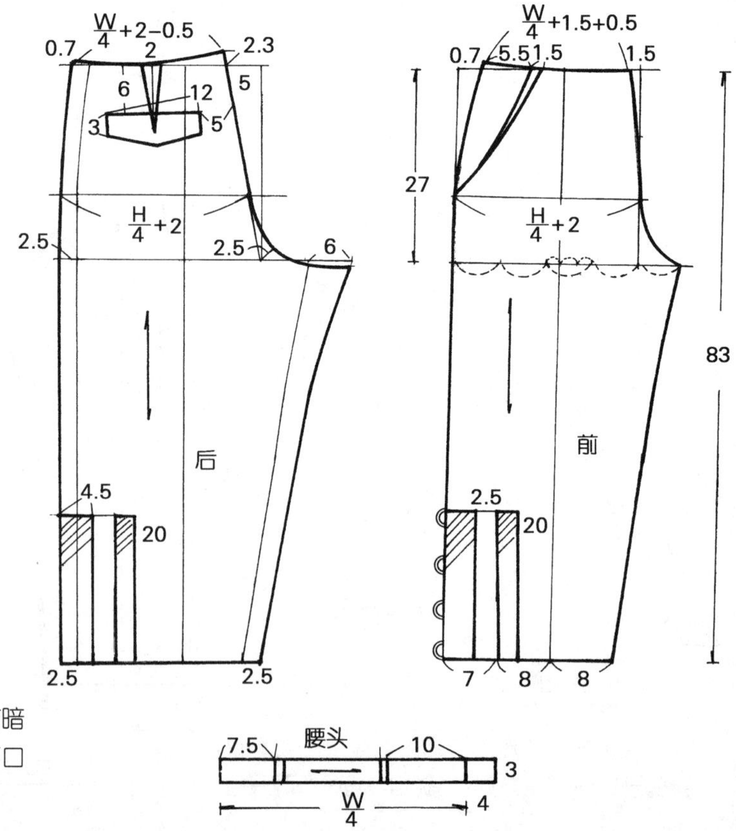

图7-12

该款式特点是在裤脚外侧处有暗褶裥，然后用装饰扣固定，形成下口紧、上部渐渐宽松的特色。

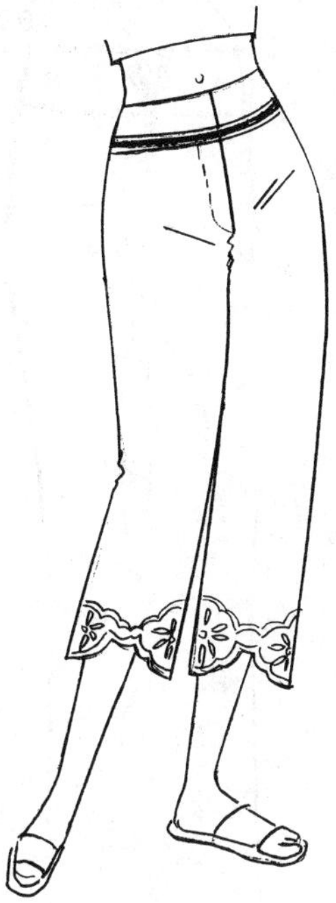

参考尺寸
裤长：75
W：76
H：92
直裆：21

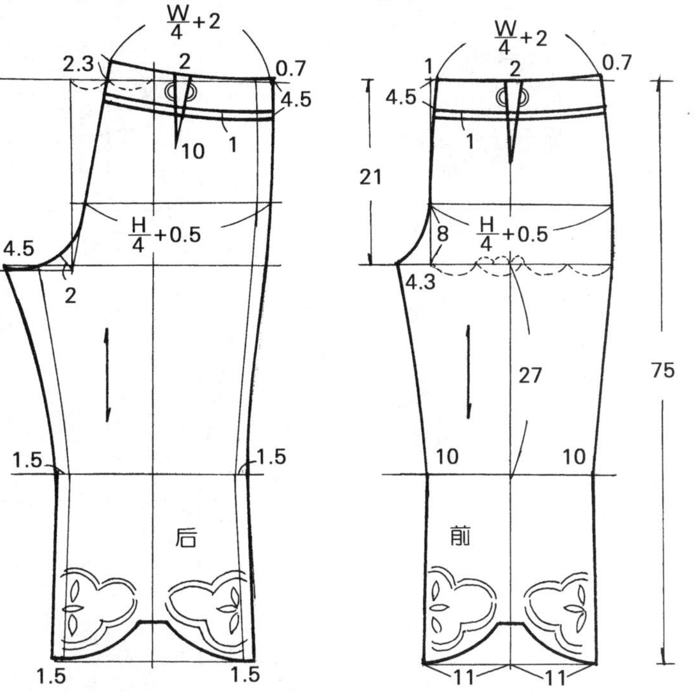

图7–13

该款为低腰中长裤，在腰口下4.5 cm处镶拼一嵌线(装饰绣花边)，裤口处加以电脑绣花，显示出一种青春妩媚的美。

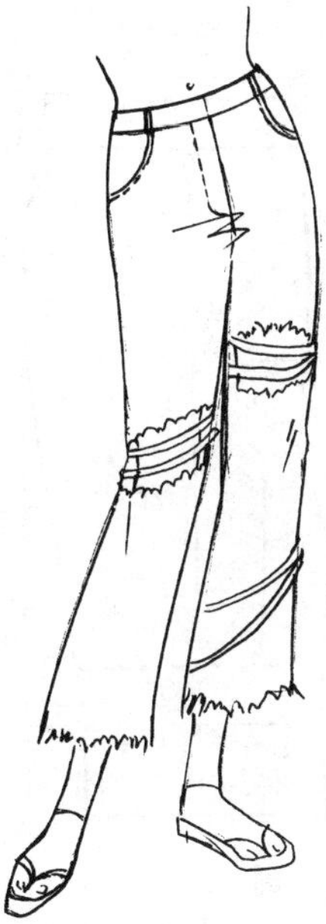

参考尺寸
裤长：85
W：76
H：92
直裆：21
脚口：22

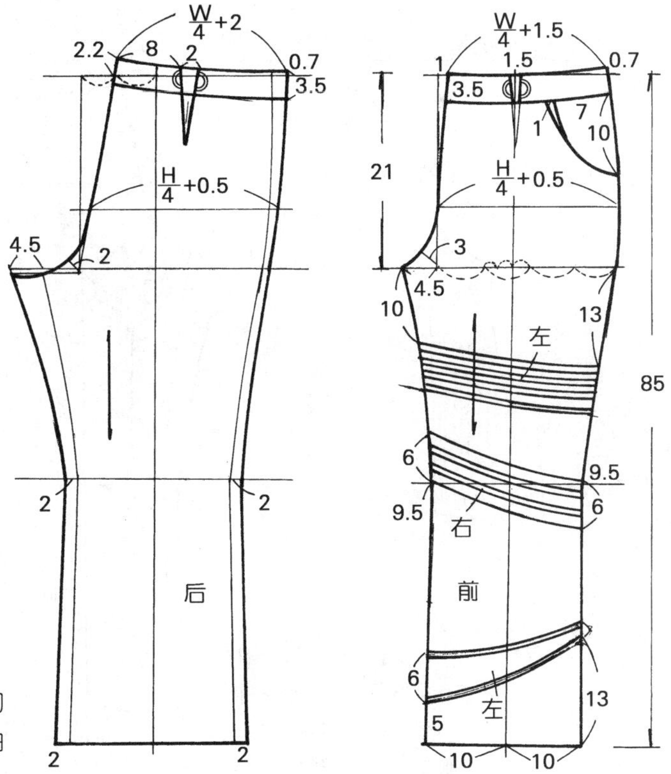

图7–14

这是一款合体、低腰小喇叭造型的牛仔裤，其特点是左右裤口膝部采用抽纬、拉苏的工艺处理。

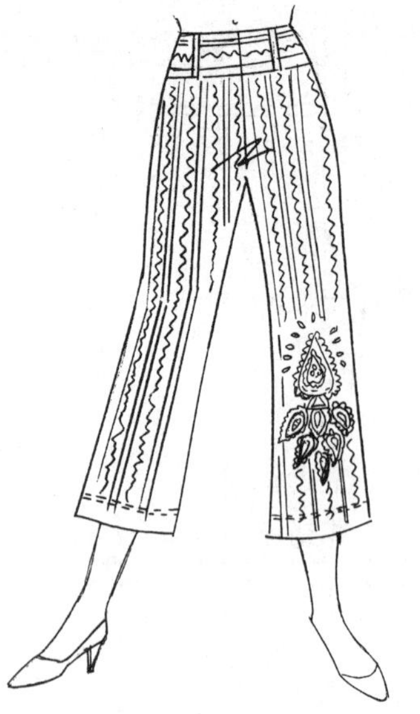

参考尺寸
裤长：85
W：74
H：92
直裆：22

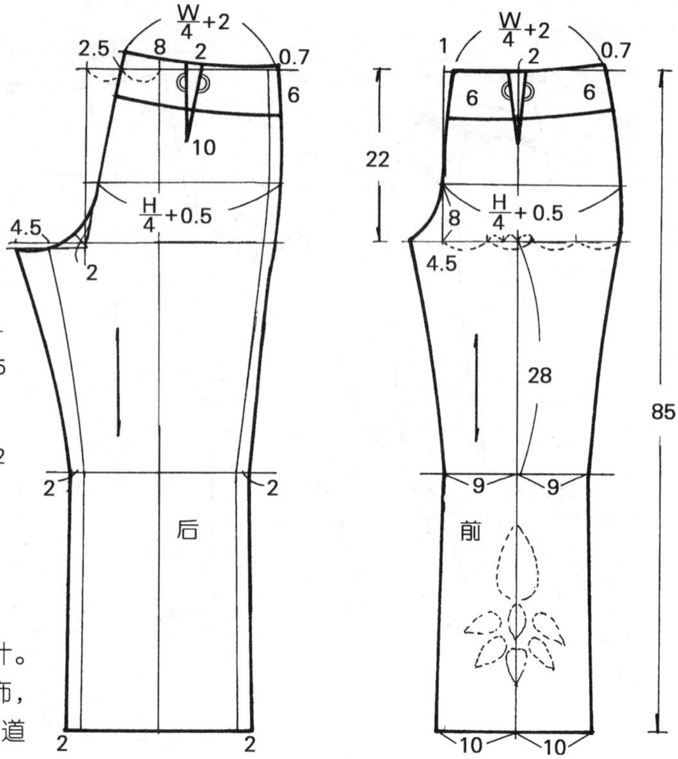

图7–15

该款是低腰育克式合体九分裤设计。特点是通过面料图案及电脑绣花作装饰，使该款更有时尚感。注意腰部育克的省道合并纸样后再裁剪。

参考尺寸
裤长：88
W：74
H：92
脚口：22
直裆：21

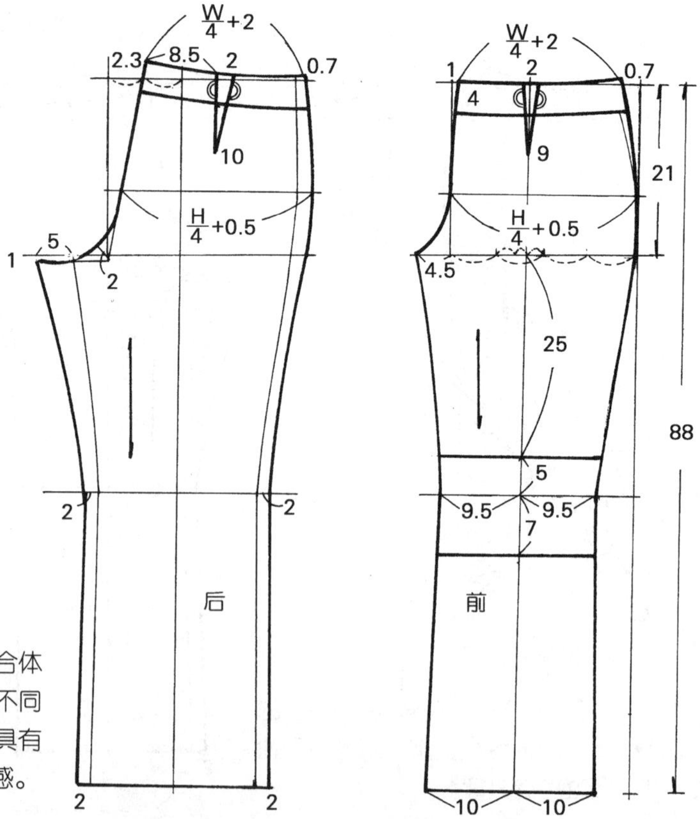

图7–16

该款为低腰、合体小喇叭造型。通过不同图案面料的拼接，具有趣味性和浪漫的美感。

图7-17

参考尺寸
裤长：90
W：76
H：92
直裆：22

这是一款较为合体的紧身长裤，低腰、小裤口，能较好地显现女性优美的体态。用弹性面料或印花弹性面料效果更佳。

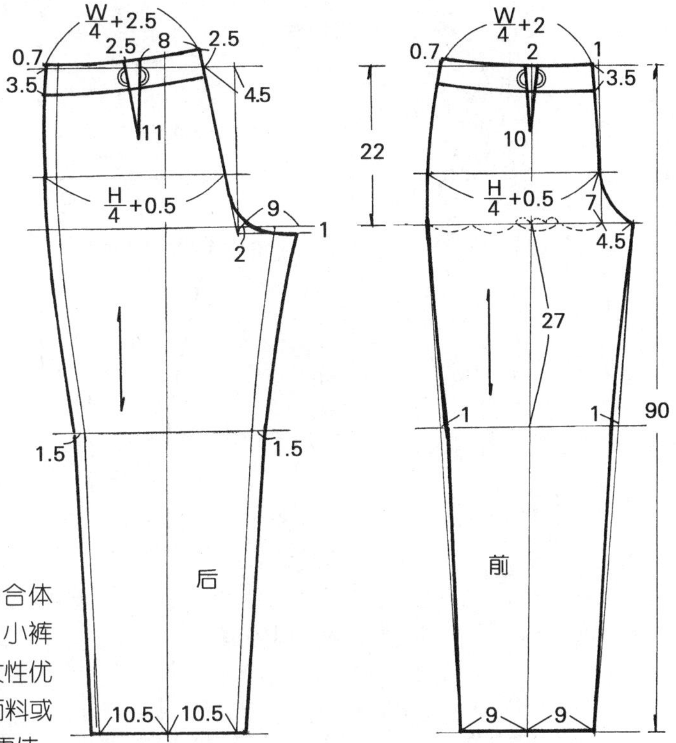

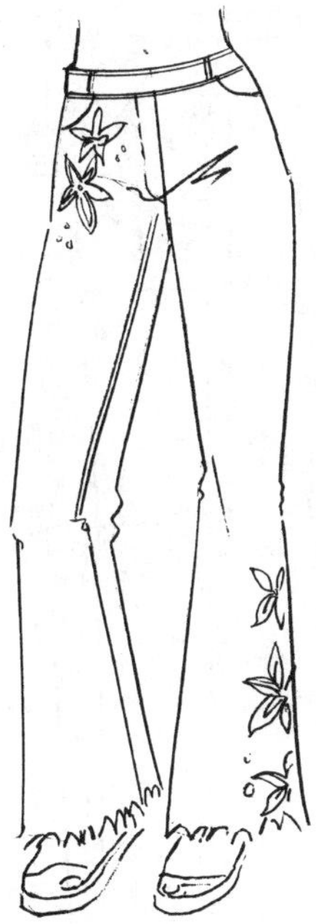

图7-18

参考尺寸
裤长：100
W：74
H：92
直裆：22

该款为传统的牛仔裤设计，低腰、合体。裤口成小喇叭，不对称绣花，裤口拉苏或缉明线，具有粗犷、休闲特色。

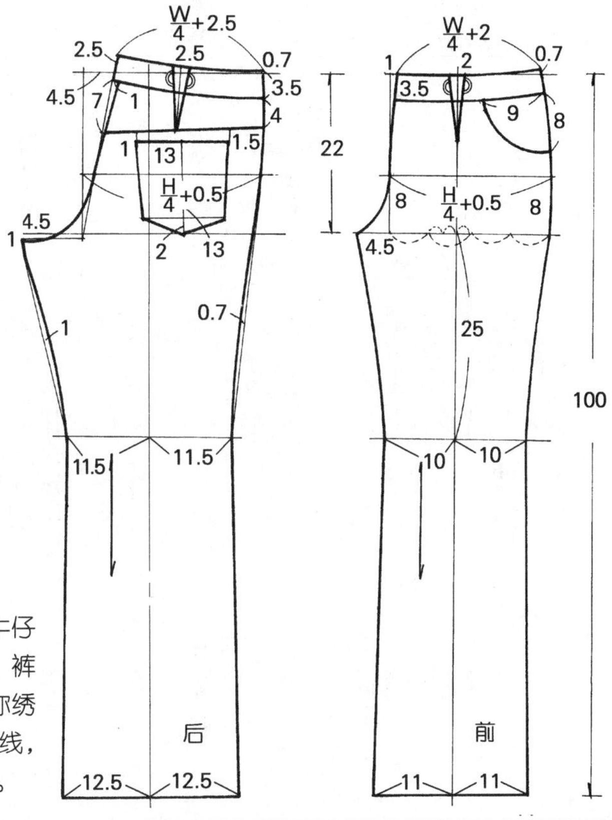

图7-19

参考尺寸
裤长：93
W：76
H：92
脚口：21.5
直裆：21

该款式是在低腰、合体牛仔裤造型基础上，在前中线加2.5 cm宽的装饰布条设计，既时髦又休闲、随意。

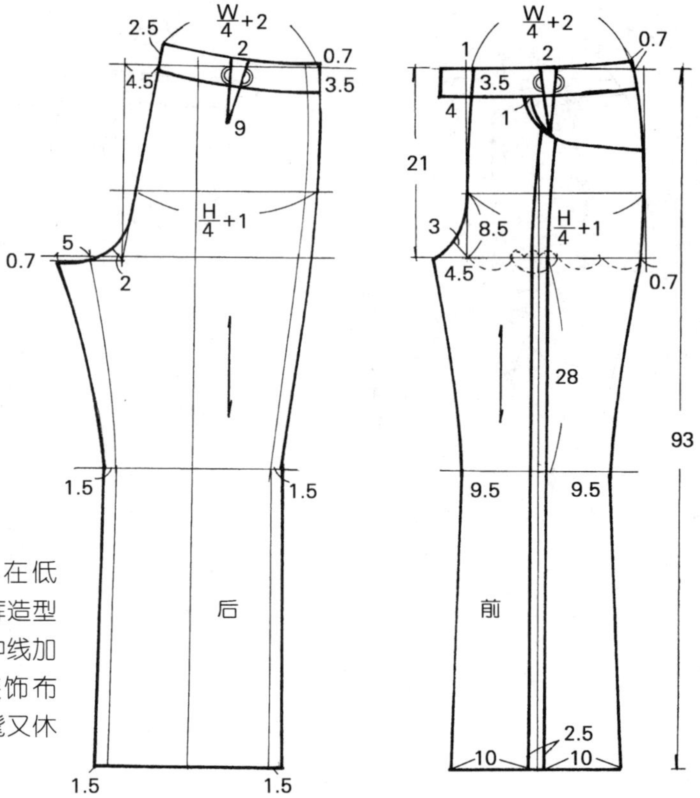

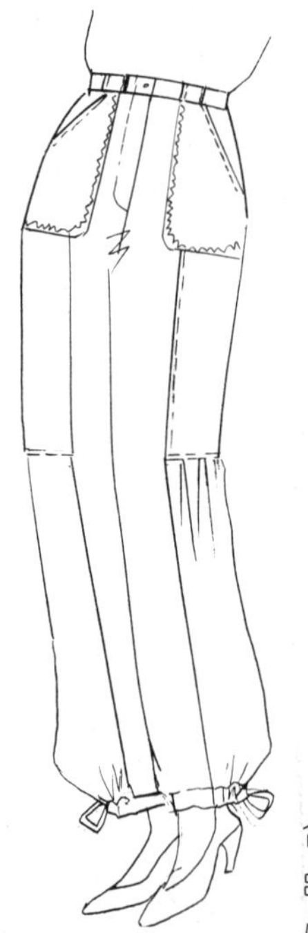

图7-20

参考尺寸
裤长：100
W：70
H：94
直裆：28

该款式是臀围相对合体，裤口较宽松，并用串带抽缩的长裤。膝盖处的打褶，给人以丰富多变的印象。

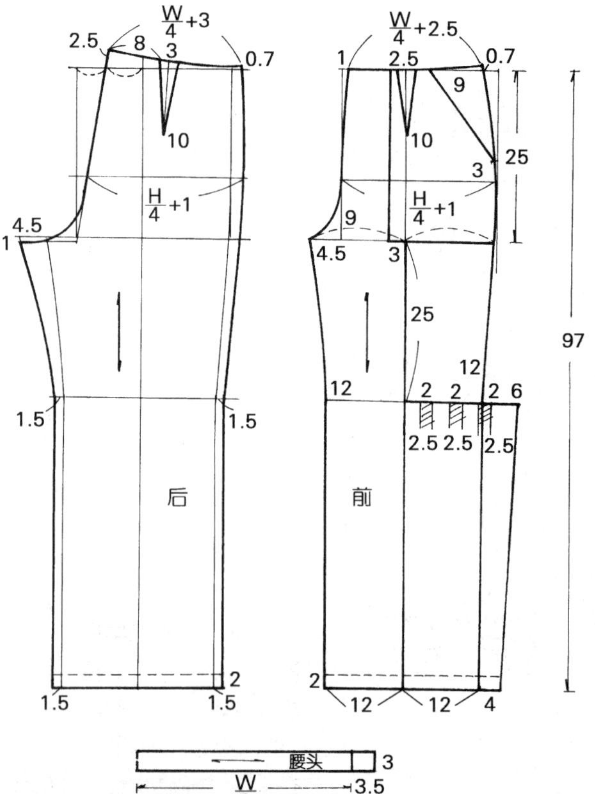

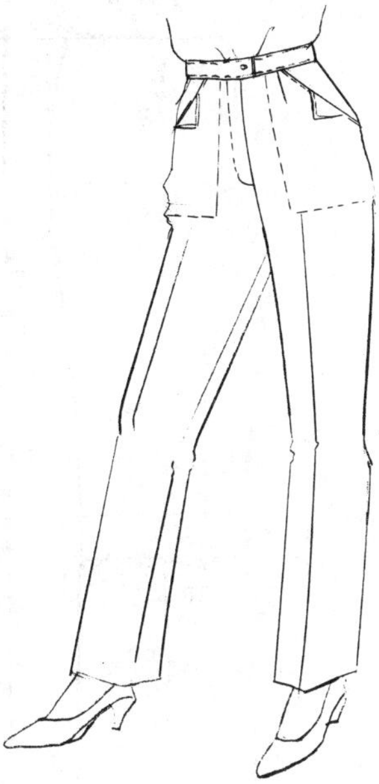

图7–21

参考尺寸
裤长：102
W：70
H：94
直裆：29
脚口：25

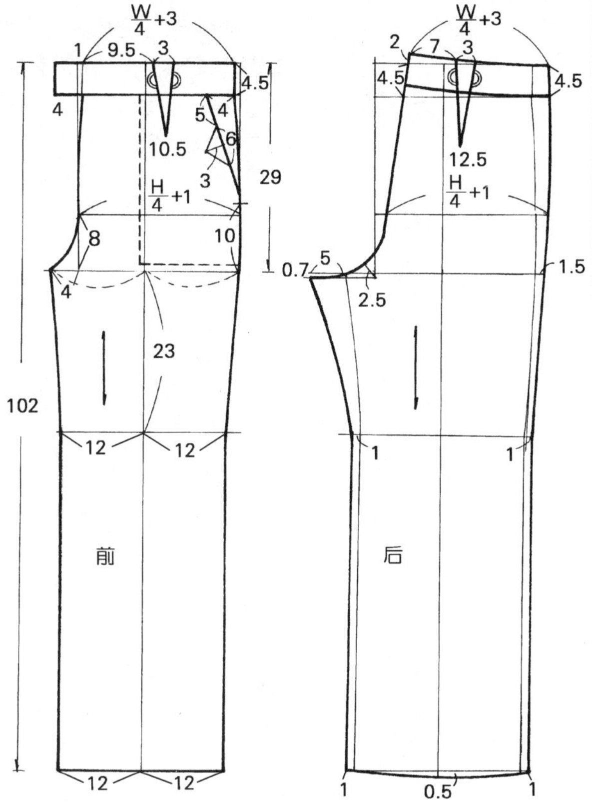

该款式的特点是袋口的设计。斜插袋袋布缉明线，腰带纸样拼合后成弧形的直筒裤造型，中裆尺寸与裤口相同。

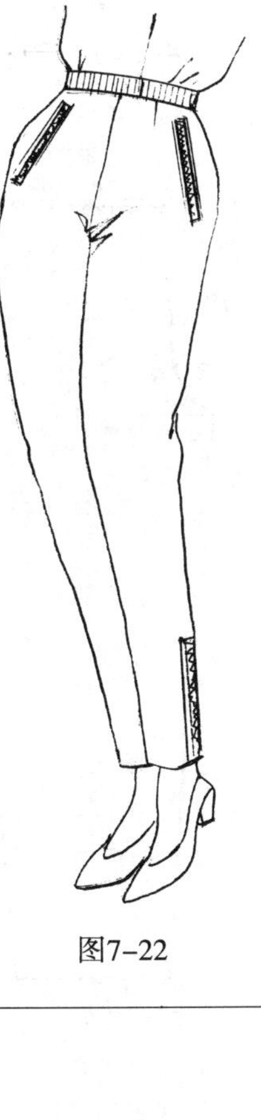

图7–22

参考尺寸
裤长：104
W：68
H：102
脚口：17
直裆：29

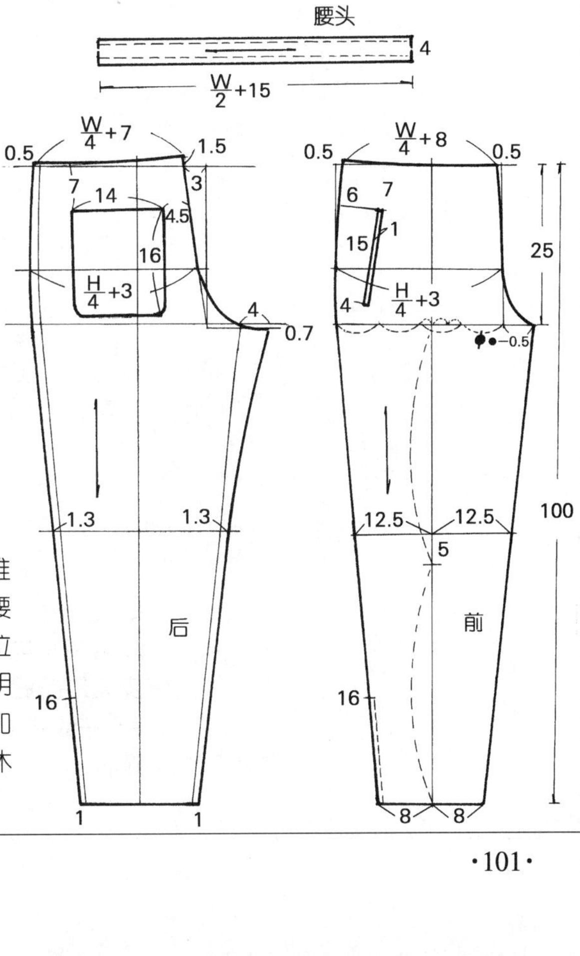

该款式的廓形为锥形裤，臀围相对宽松，腰围穿松紧，左右两只明拉链挖袋与裤口侧缝处明拉链开衩相呼应，后片加一只圆角贴袋，可居家休憩或作外出旅游穿着。

该款式的廓形为小喇叭造型，其特点是前中膝盖下作开衩，给人以线条流畅、优美、舒展自如的感觉。

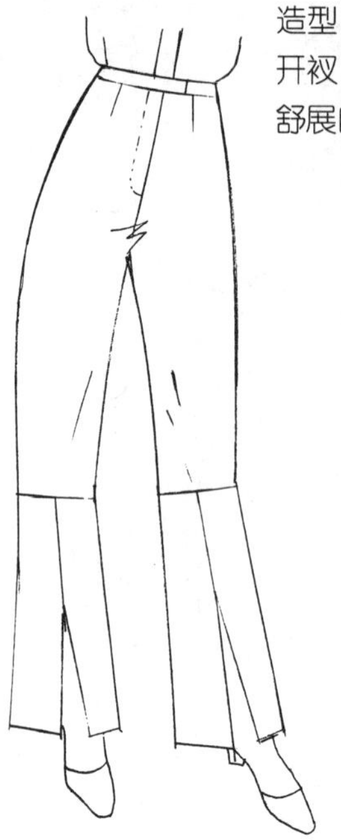

参考尺寸
裤长：103
W：68
H：94
脚口：23.5
直裆：30

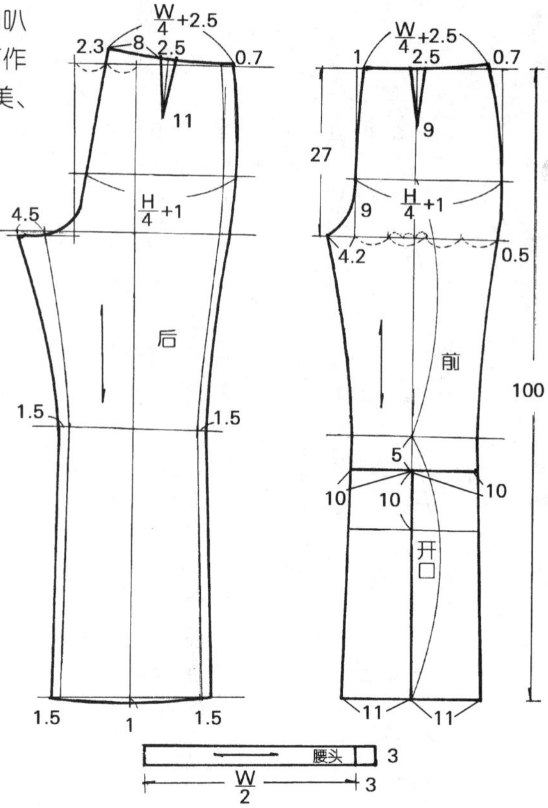

图7-23

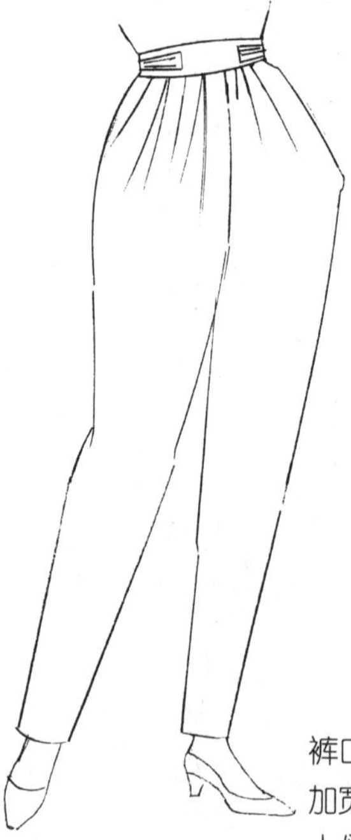

参考尺寸
裤长：101
脚口：19
直裆：31
W：68
H：104

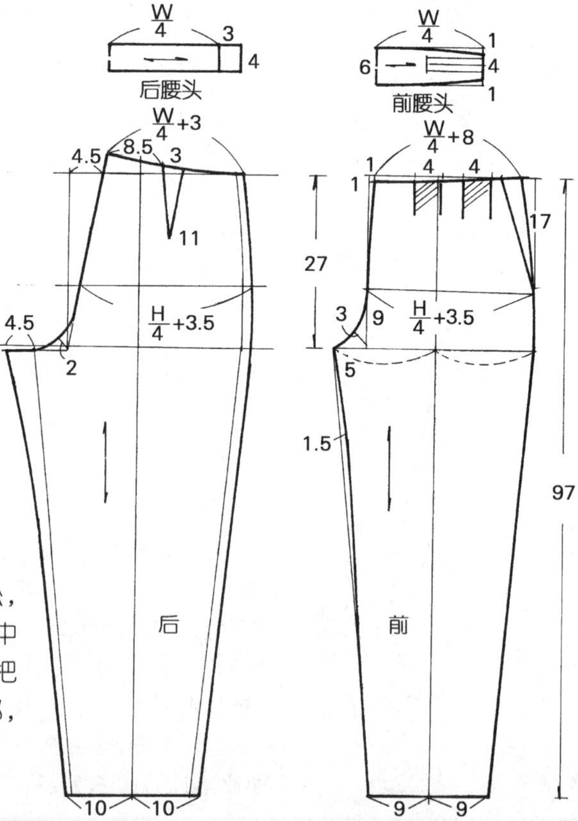

该款式臀围较宽松，裤口相对合体，腰带前中加宽，两侧组装饰皮带，把人们的视线定格在腰部，拉近了你我的距离。

图7-24

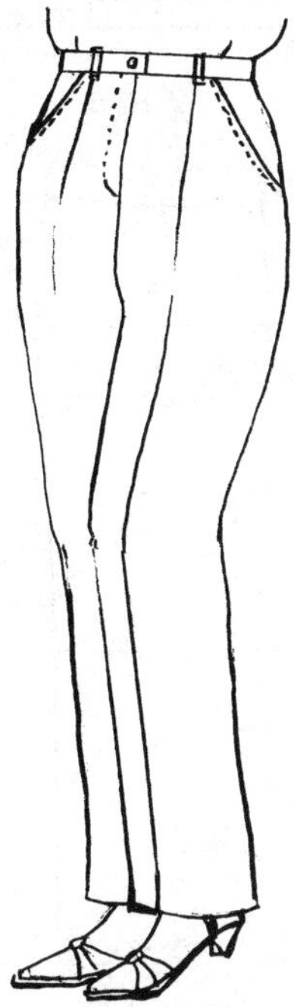

参考尺寸
裤长：100.5
W：70
H：94
直裆：29
脚口：24.5

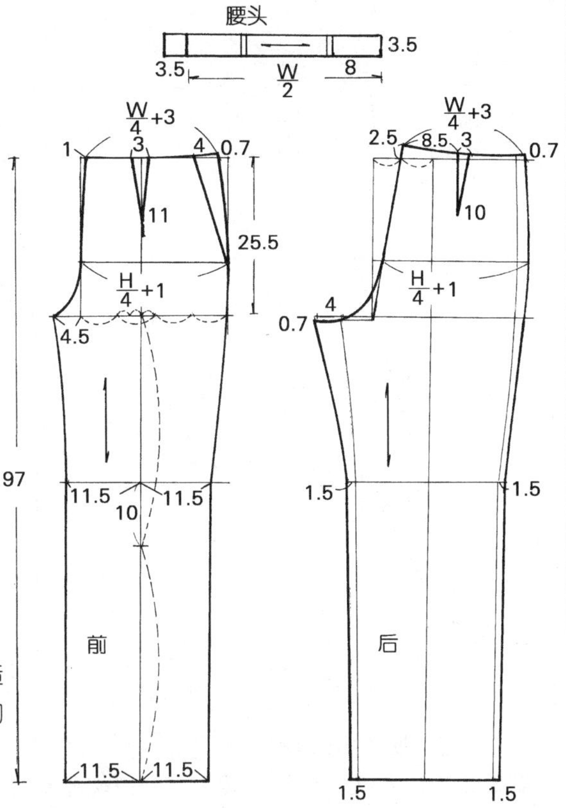

该款为正统的直筒裤造型设计，面料可选垂性较好的薄型毛料、麻纱、针织物等。

图7–25

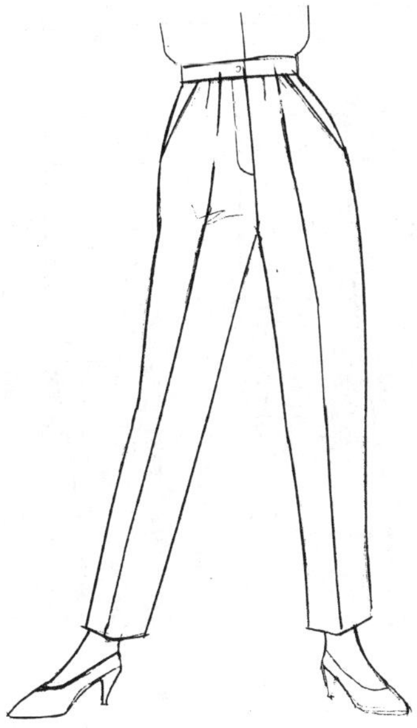

参考尺寸
裤长：100
W：70
H：102
直裆：31

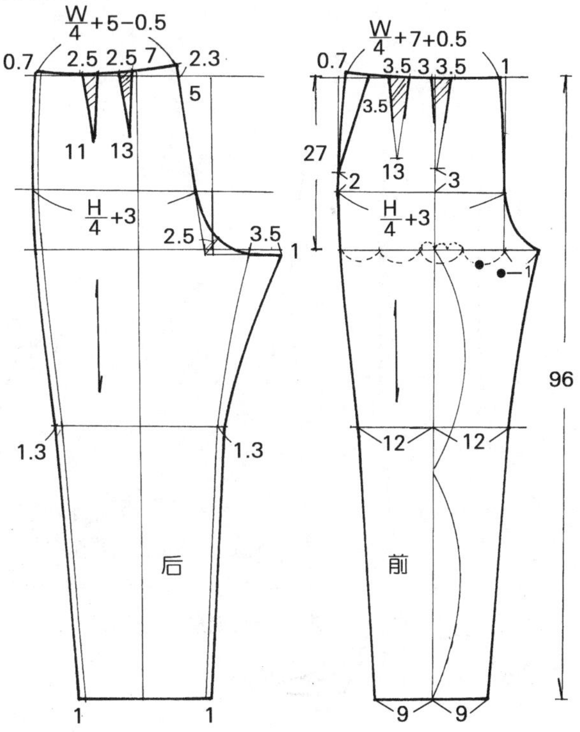

图7–26

该款可作为日常或外出穿着的休闲裤。面料可选择高支纱、全棉花布或有弹性的垂性较好的灯芯绒、化纤面料等。

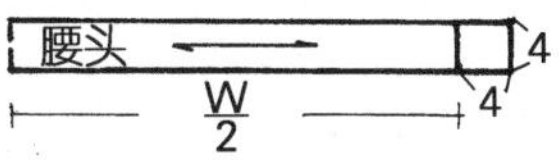

参考尺寸
裤长：80
W：72
H：94
直裆：23

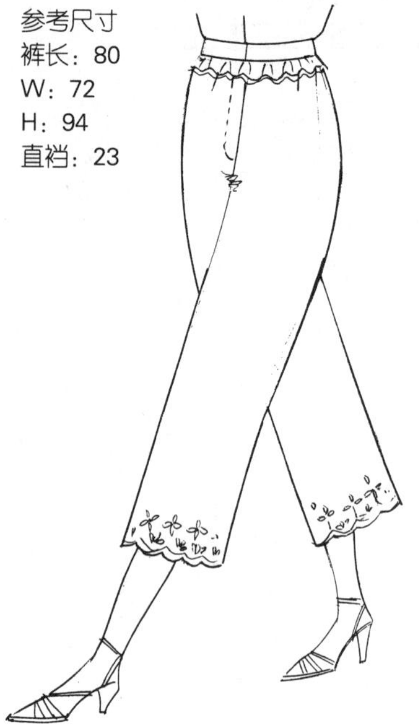

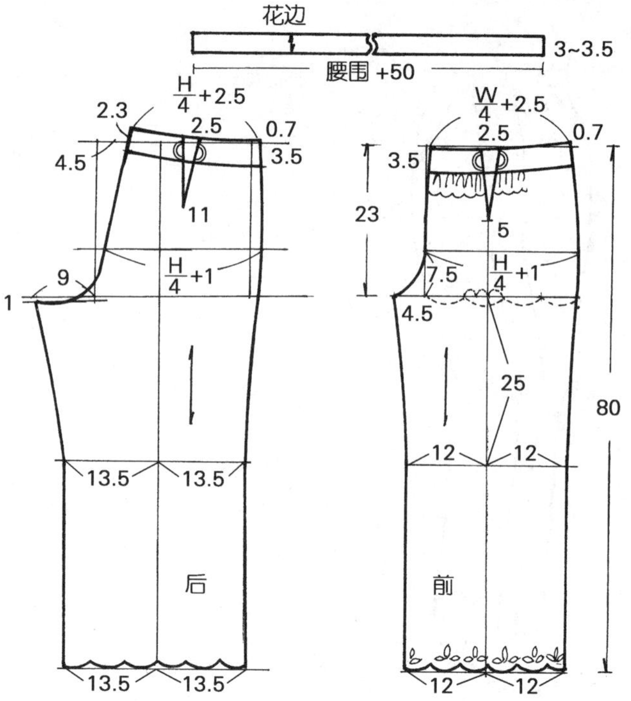

图7–27

这是一款在腰部装荷叶边(花边)的低腰直筒型合体裤，长度至小腿部，裤口可采用电脑绣花。布边绣成半圆型，面料可选择质地滑爽柔软的丝绸、棉布或针织面料。

参考尺寸
裤长：100
H：106
直裆：31

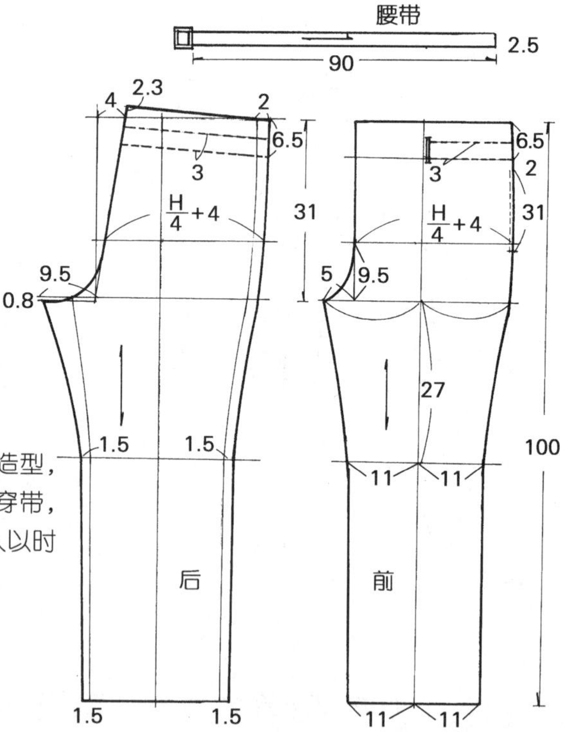

该款为直筒裤造型，通过连腰处的腰部穿带，产生自然抽褶，给人以时尚、随意的美感。

图7–28

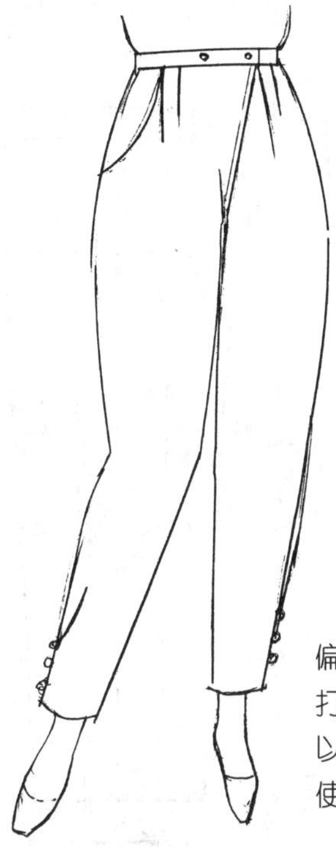

参考尺寸
裤长：95.5
W：68
H：106
直裆：26.5

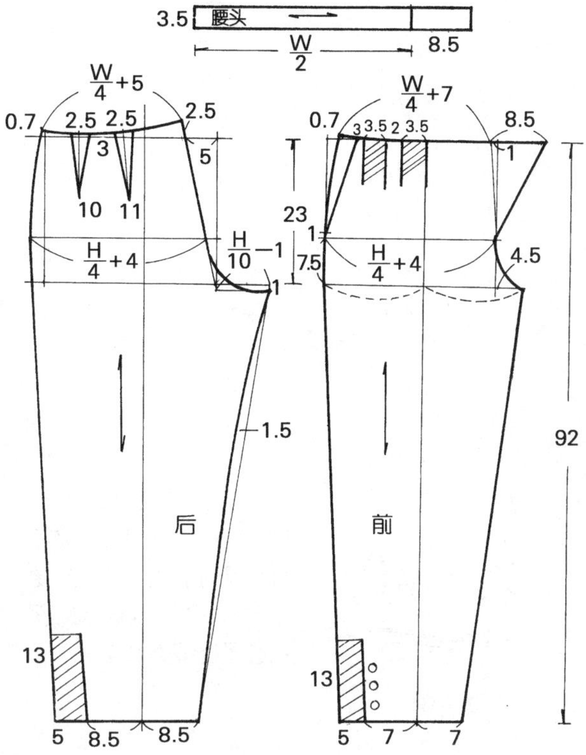

该款式通过前中偏斜门襟与裤口侧边打裥、钉扣装饰，给人以眼睛一亮的感觉，会使你充满自信。

图7–29

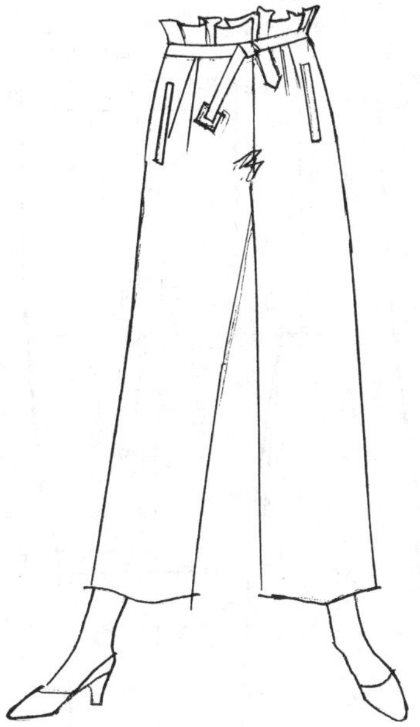

参考尺寸
裤长：100
W：70
H：112
直裆：31

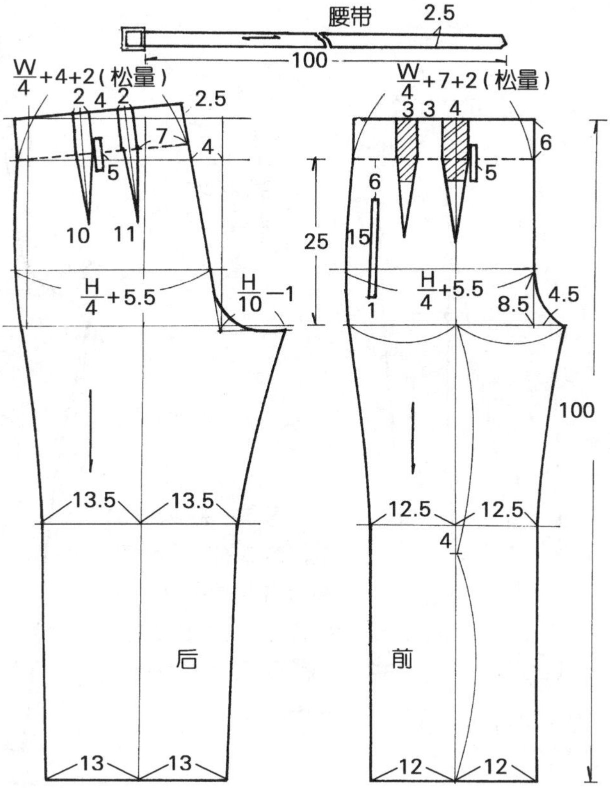

图7–30

该款式是直筒连腰高腰裤，竖向一字挖袋，通过打省和装饰皮带，具有返璞归真、休闲别致的非凡气质。

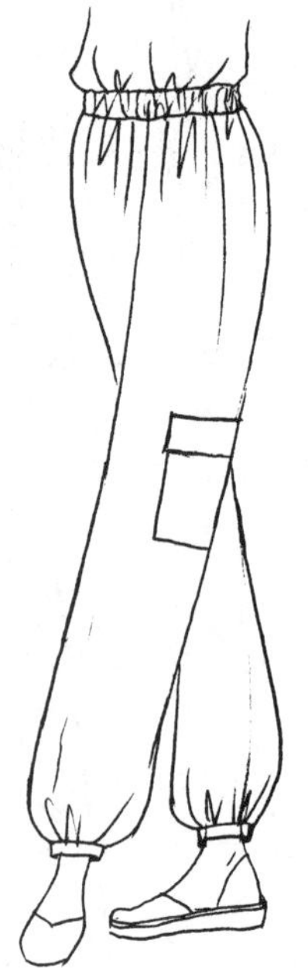

图7-31

参考尺寸
裤长：101.5
H：106
直裆：31

这是一款居家休憩长裤，膝盖外加一贴袋，增加其趣味性，腰部缉松紧便于穿脱，裤口用编织物，面料选择针织类为佳。

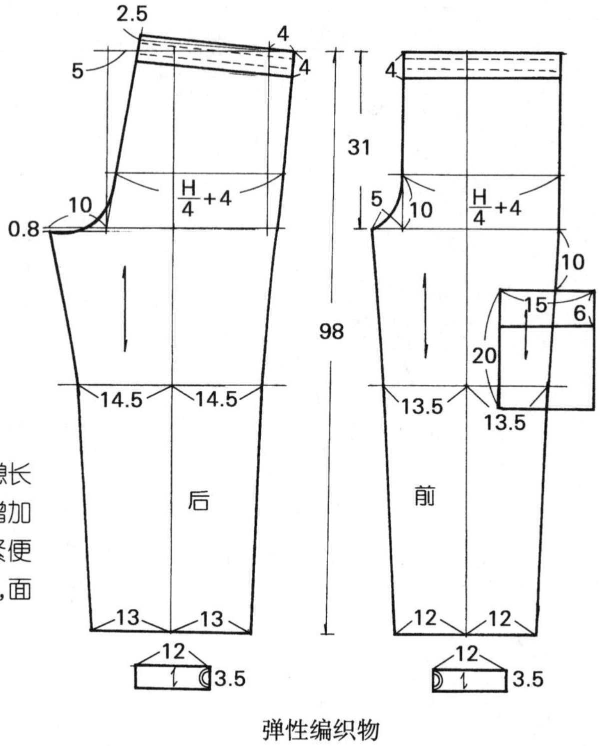

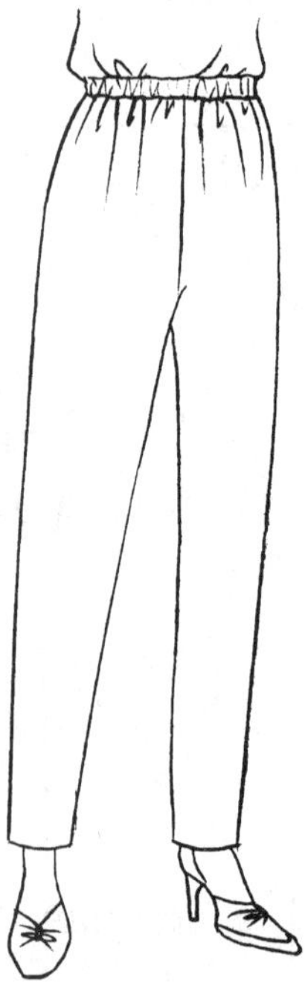

图7-32

参考尺寸
裤长：97
H：102
直裆：27
脚口：17

这是一款相对31款稍合体的休闲长裤，腰带缉松紧带，脚口较小，充分显示出女性的线条美。选用弹性面料为佳。

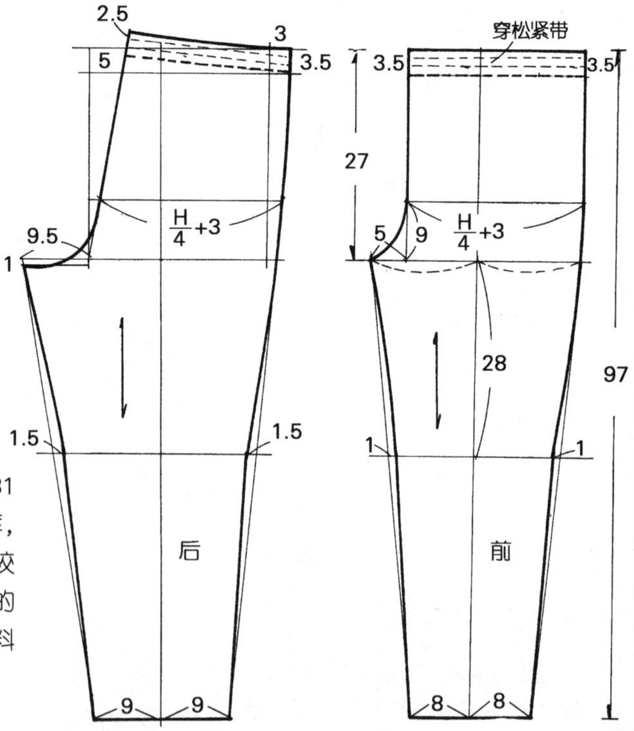

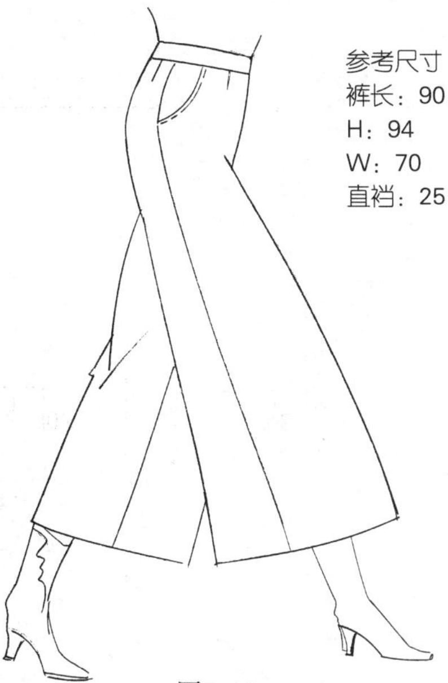

参考尺寸
裤长：90
H：94
W：70
直裆：25

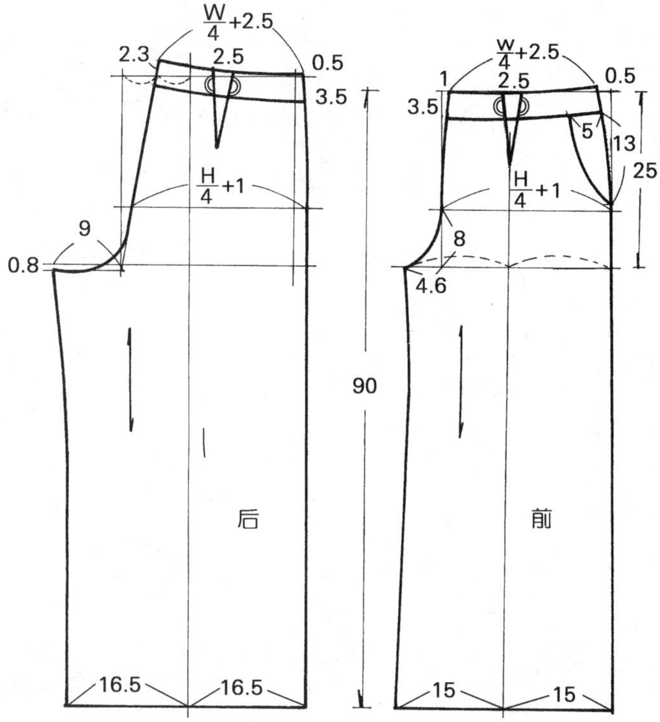

图7-33

这是一款具有裙裤风格的长裤。裤口与前横裆大小相接近，整体上看给人以浪漫、奔放的美感。

参考尺寸
裤长：45.5
W：68

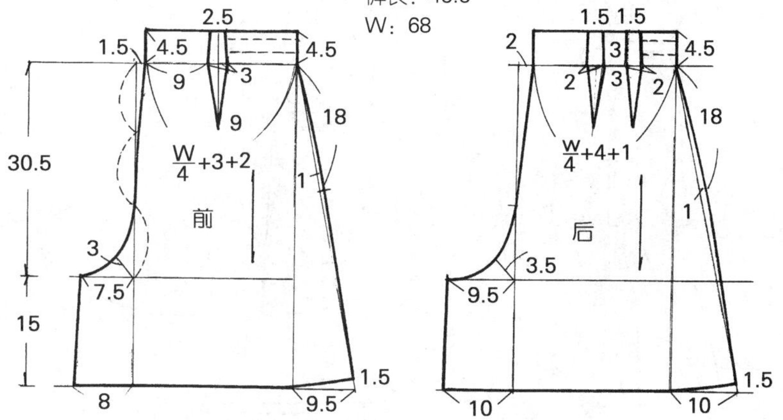

这是一条连腰A字形迷你短裙裤，腰部两侧缉松紧带，外侧缝下摆适量放宽，颇具妩媚、动人之感。

图7-34

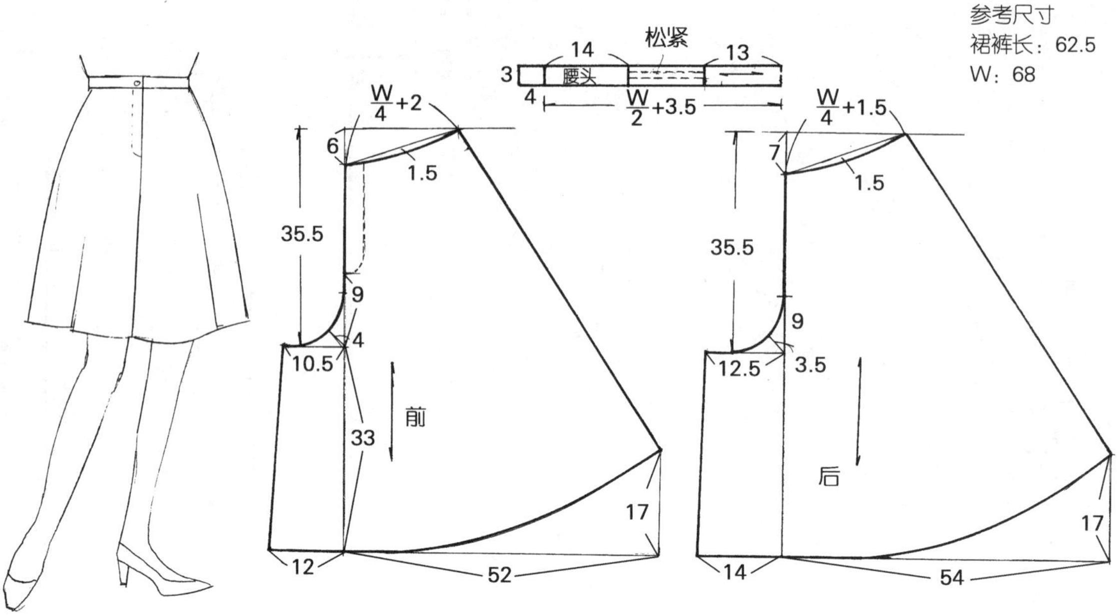

图7-35

这是一款斜裙造型的及膝裙裤，宽松成波浪的下摆，给人以飘逸、性感的魅力。

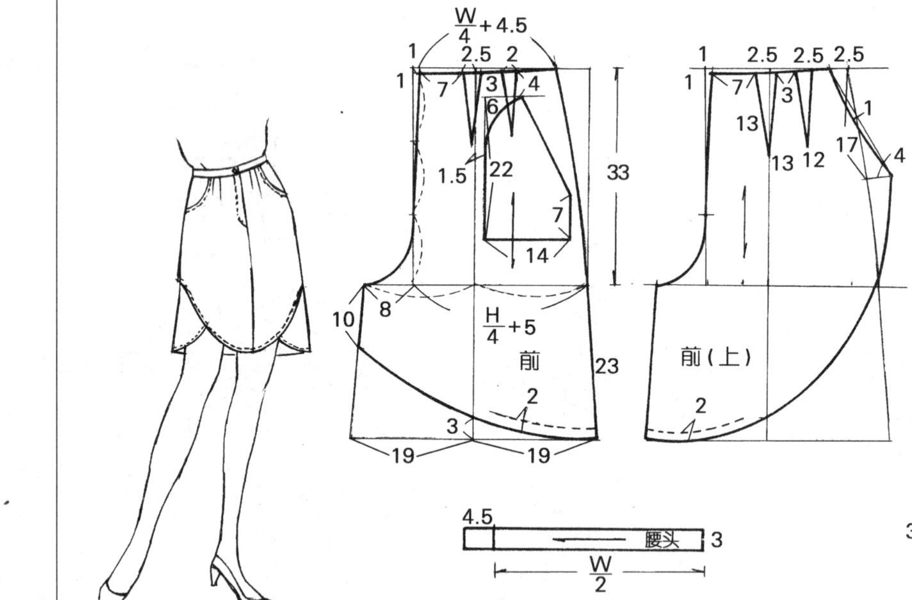

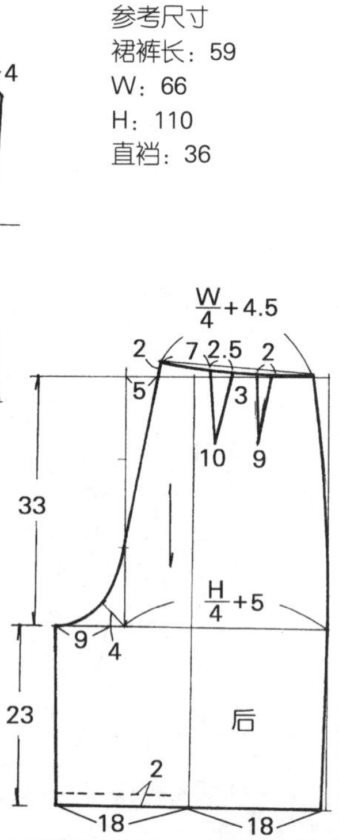

图7-36

这是一条前裤加装饰布的短裙裤，整个款式简洁而富有趣味性和变化，面料宜选用悬垂性好的麻纱、针织物等。

参考尺寸
裙裤长：70.5
W：68
H：102

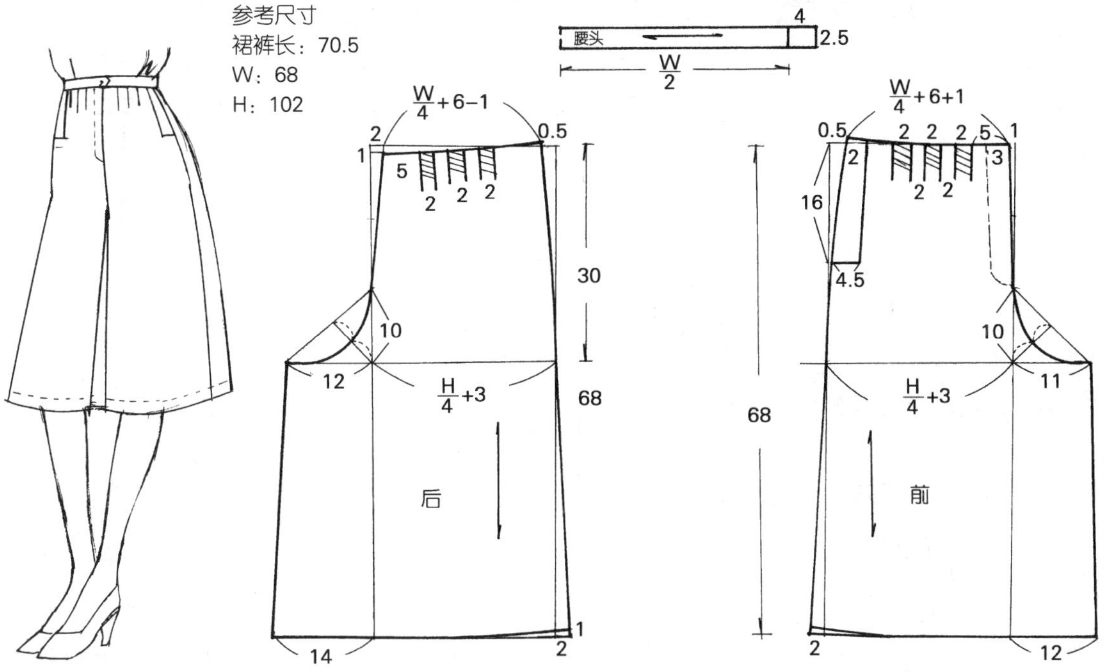

图7−37

这是一款比较正统的中长裙裤。前后片腰围处各打六个褶裥，口袋设计成直角形，有一种随意而休闲的风格。

参考尺寸
裙裤长：74
W：68
H：96
直裆：34

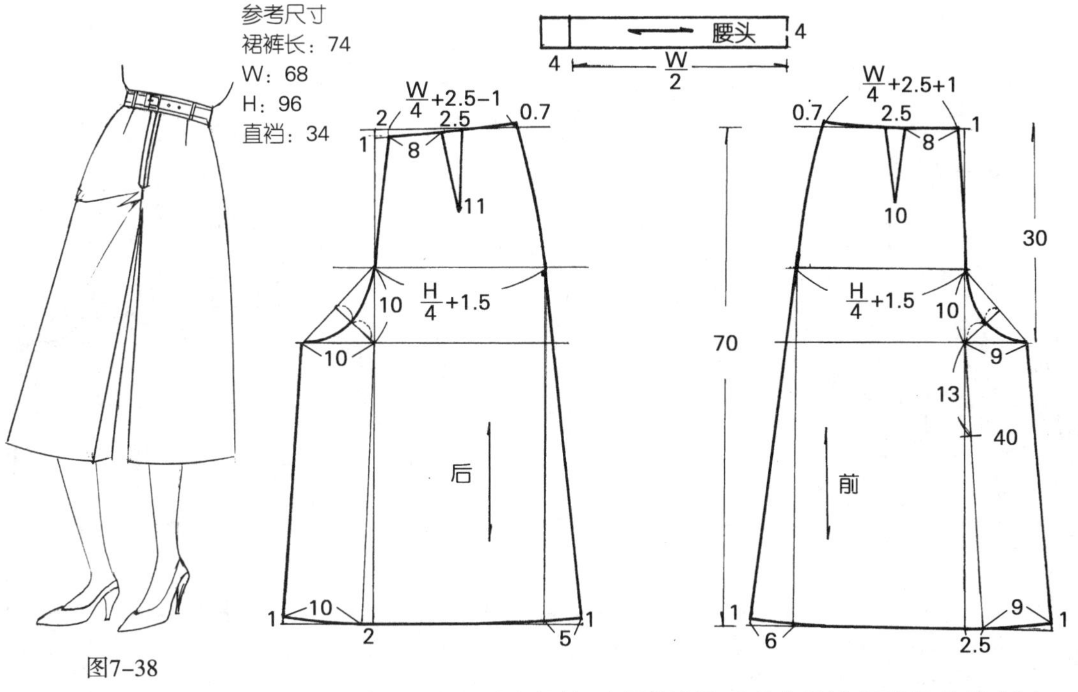

图7−38

这是一款A形中长裙裤，流畅的线条，合体的臀部、腰部构成，给人以亭亭玉立的现代少女风采。

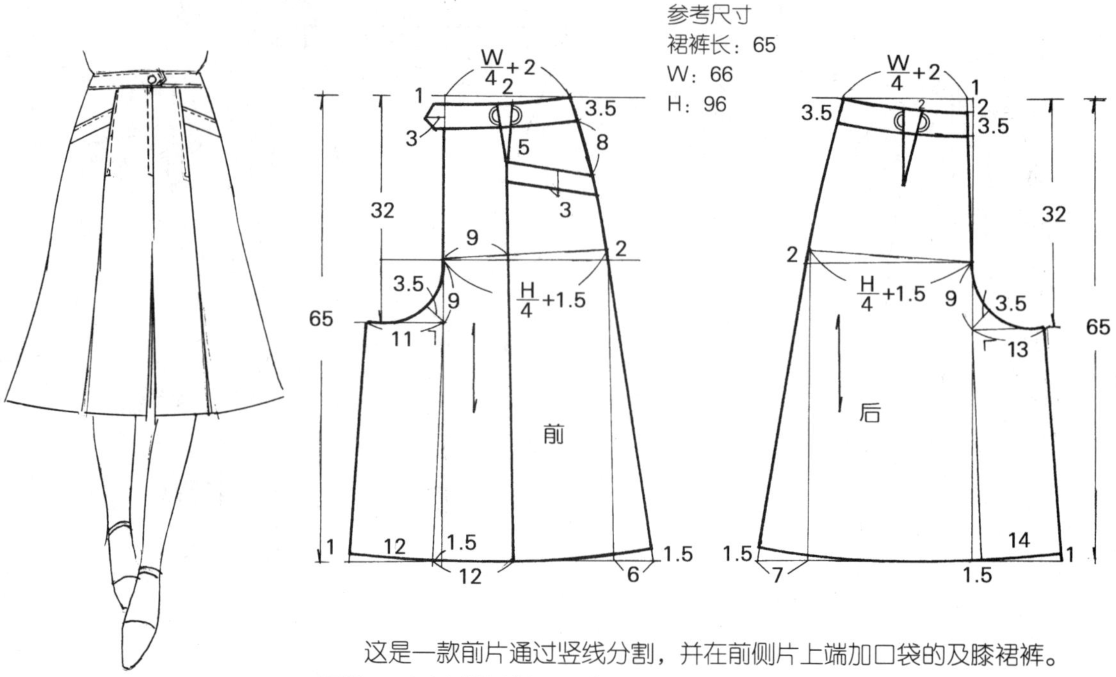

图7-39

这是一款前片通过竖线分割，并在前侧片上端加口袋的及膝裙裤。腰带可通过合拼纸样省道来裁剪，面料可选用新颖时装面料或合成革牛仔布等。

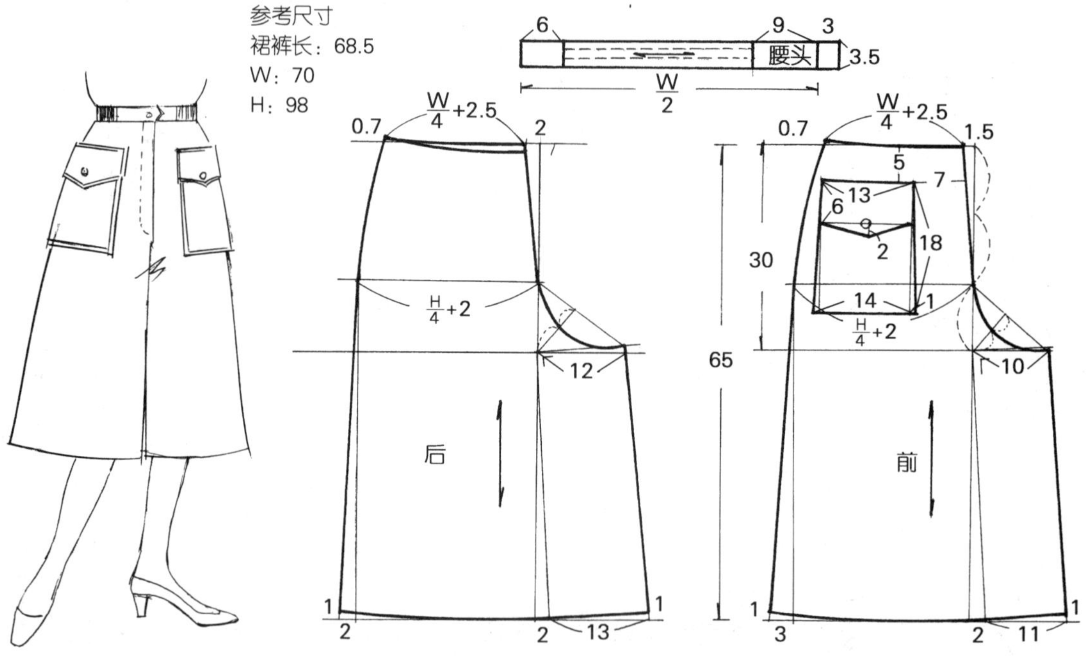

图7-40

该款为及膝长裙裤，前片左右各一大立体贴袋是该款的主要特色，腰带两侧绢松紧带，使穿着更加舒适方便。

图7-41

参考尺寸
W：66
H：90
裤长：85(腰头除外)
直裆长：30
裤口：37.5

此款为立体裥的裤形，宜采用悬垂性能良好的素色面料制作。裤长及小腿中部，前中拉链开口，整体呈倒梯形。为体现立体裥富有动感的效果，前后片连裁，侧缝处不断开。

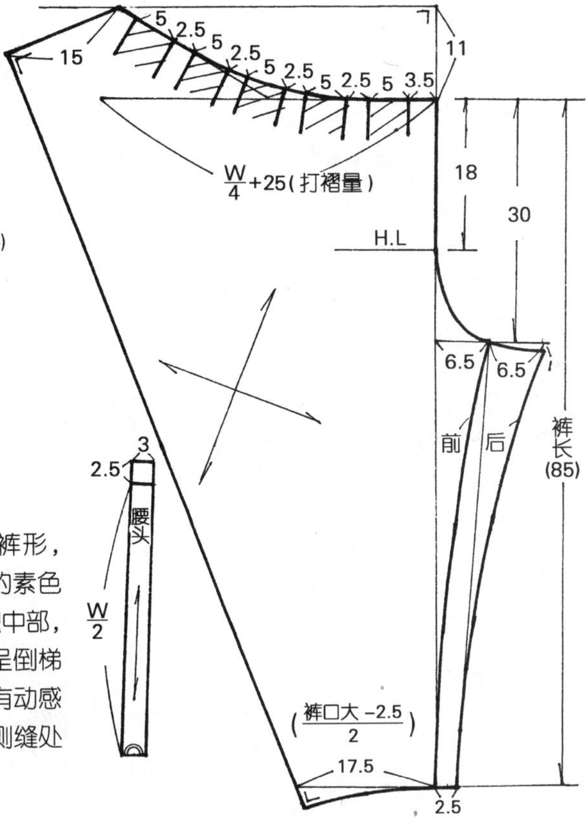

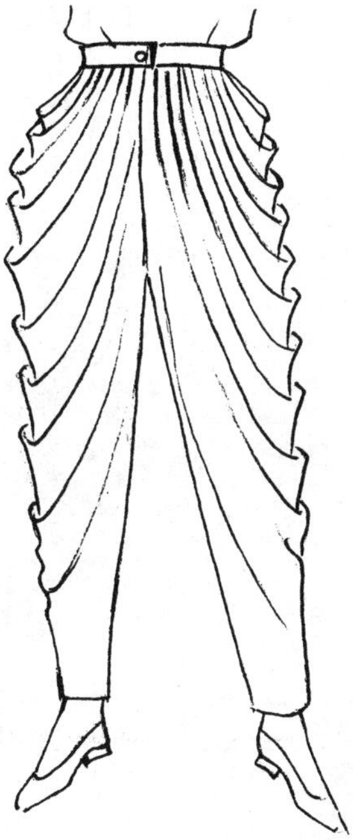

图7-42

参考尺寸
W：66
H：90
裤长：95(腰头除外)
直裆长：30
裤口：33

此款与前一款同为立体裥的裤子，但褶裥更加丰富，腰口为直线的裁剪法，宜适合有条纹而悬垂感良好的面料制作，前后片连裁的方法，使裤子缝制成型产生的褶裥更为生动而流畅，犹如瀑布飞奔。

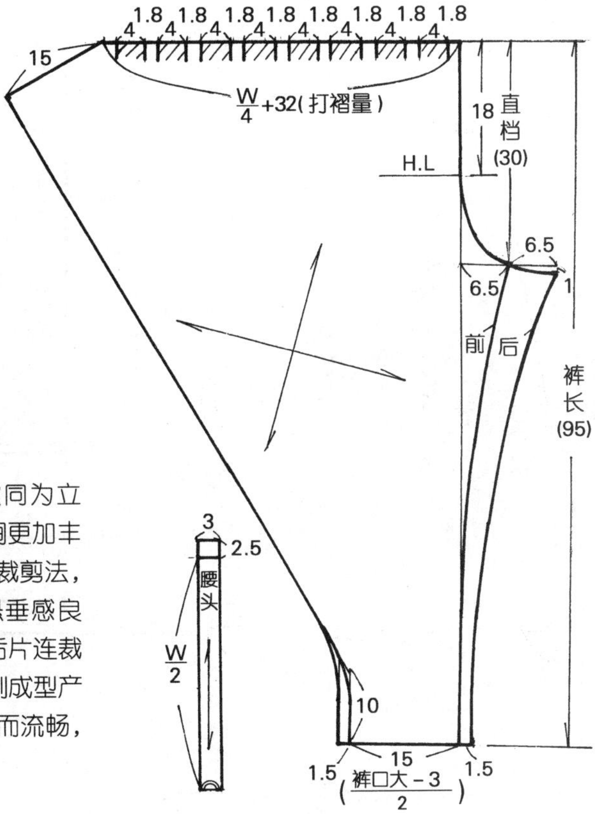

此款为低裆裤，前后片裁法相同，直裆很深，腰口的几个大活褶结合抽缩的细褶，产生丰富的褶裥效果，它与裤裆部的褶相形成了上下呼应，极具趣味性。宜选用悬垂感好的面料制作。

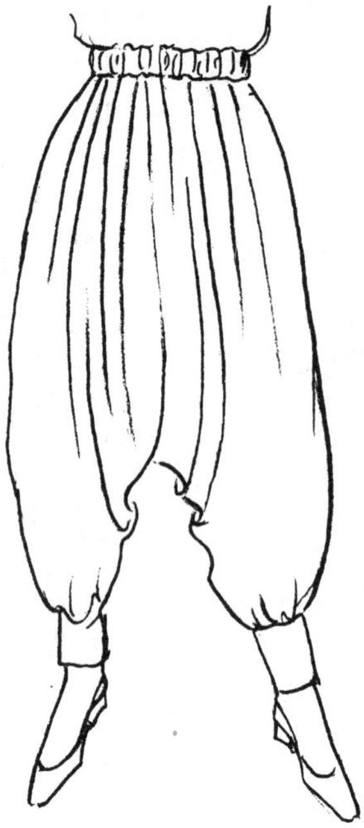

图7-43

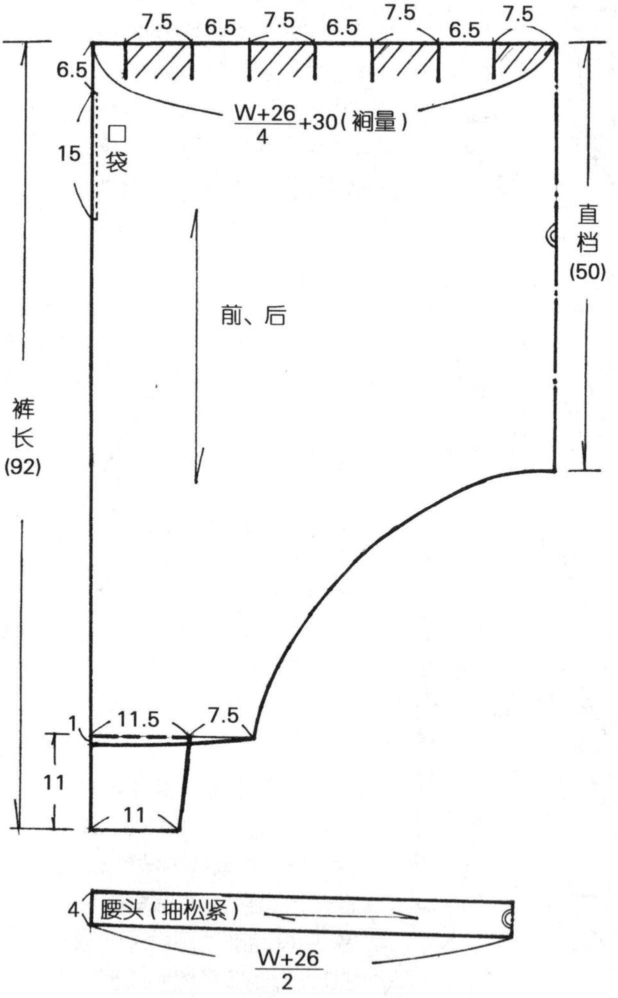

参考尺寸
W：66
H：90(净体)
裤长：92(腰除外)
直裆长：50
裤口大：20

附：服装裁剪基础知识

第一节　服装术语、常用代号与符号

为了使服装技术得以发展和交流，使服装工业的理论研究得以深化，必须将服装术语、裁剪制图符号等作为一种基本技术语言加以统一、规范，以便于识别，避免差错，促进我国服装用语日趋完善和规范。

一、服装术语

领窝：前后衣片与领子缝合的部位。

门襟、里襟：上衣胸前重叠的部位。

叠门：即门襟、里襟相重叠的部位。

止口：指叠门、领子、口袋等边缘部位。

缉止口：沿服装边缘（止口）缉线。

挂面：也称过面，即门襟、里襟的贴边。

克夫：系外来语。指沿袖口边的镶边，也指上衣腰口、裤口的镶边。

育克：系外来语，又译约克。指服装上的横向剪接线。

侧缝：也称肋缝、摆缝，缝合前后衣片的缝子。

驳头：衣片上随领子一起翻出的挂面上段部位。

驳口线：也称翻折线，指驳头翻折处的直线。

串口线：与驳口线相交的直开领斜线。

收省：因人体曲线造型的需要而将多余的部分缝去。有胸省、肋省、肩省、腰省等。

褶裥：根据造型或设计上的需要，将多余的部分折叠熨烫，缝住一端，另一端散开。有单褶、双褶和明褶、暗褶之分。

开衩：因服装造型需要及穿脱、行走方便而设置的开口形式。

缝份：俗称缝头或做缝。为缝合衣片在尺寸线外侧预留的边。

对位记号：也称刀眼。在衣服的某些部位打上剪口，缝纫时剪口记号相对、剪口记号与拼缝线相对，此剪口称为对位记号。

画顺：直线与弧线、弧线与弧线的连接要光滑圆顺，称为画顺。

翘势：也称起翘。在平线上逐渐提高画线形成弧线，称翘势。

里外匀：外层衣片均匀地比里层长一点、宽一点，使两层衣片缝制成自然卷曲状态，其卷曲越大则窝势越足。

钻眼：用钻子在图纸或裁片部位打眼，作定位和缝制标志。如袋位、省位等处于衣片中间的标志。

二、服装制图常用代号

在服装制图中引进部位代号，主要是为了书写方便，同时也为了制图画面的整洁。大部分的部位代号都是以相应的英文名词首位字母或两个首位字母的组合表示的，如附表1-1所示。

附表1-1 服装制图常用代号

名 称	代 号	英文名称说明	名 称	代 号	英文名称说明
胸 围	B	Bust	膝 线	KL	Knee Line
乳下围	UB	Under Bust	乳峰点	BP	Bust Point
腰 围	W	Waist	侧颈点	SNP	Side Neck Point
中臀围	MH	Middle Hip	前颈点	FNP	Front Neck Point
臀 围	H	Hip	后颈点	BNP	Back Neck Point
胸围线	BL	Bust Line	肩峰点	SP	Shoulder Point
乳峰线	BPL	Bust Point Line	袖 窿	AH	Arm Hole
腰围线	WL	Waist Line	头 围	HS	Head Size
中臀围线	MHL	Middle Hip Line	前中心线	FC	Front Center
臀围线	HL	Hip Line	后中心线	BC	Back Center
肘 线	EL	Elbow Line			

三、制图、裁剪、缝纫常用符号

制图、裁剪、缝纫符号是进行制图、裁剪、缝纫操作时，便于识别，避免识别差错而统一制定的标记。附表1-2所列的是制图、裁剪、缝纫常用符号。

附表1-2 制图、裁剪、缝纫常用符号

名 称	符 号	说 明
轮廓线		又称净线、制成线、净缝线，以粗实线表示。裁剪时必须在此线外加缝份
基础线		衣片各部位制图时的辅助线，以细实线表示
连折线		表示衣片沿线相向连折（如后中线、驳口线等），不能剪开
等分线		表示衣片某一线段分成若干相等的小段

名　称	符　号	说　明
拼　接		标在衣片拼接端，表示符号左右衣片以中间直接为拼缝拼接
对　格		表示需要和衣料的格纹对准
对　条		表示需要和衣料的条纹对准
对　花		表示需要和衣料的花纹对准
扣眼位		服装扣眼位置的标记
钻眼位		上下层需钻眼对位的符号
点眼位		关键点位置的标记（如确定省尖、袋口等位置）
钮　位		服装钉钮扣位置的标记
对　位		表示衣片需对位打剪口的位置
明　裥	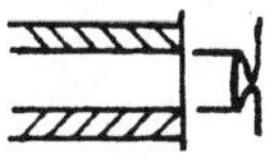	表示裥面在上的褶裥
暗　裥	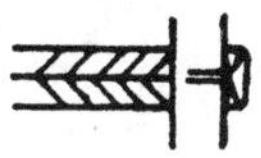	表示裥面在下的褶裥
褶　裥		表示斜线方向由高向低折叠成褶裥
缩　裥		表示用衣料直接收缩成皱裥，标在皱裥所在轮廓线旁侧
省　缝		表示从衣片轮廓线开始收省的省缝，如肩省
		表示位于衣片中间的省缝，如上衣腰省
经　向 （丝缕方向）		箭头指向表示衣料的经向，裁剪时衣料经丝方向与箭头平行
倒　顺		箭头所指方向为衣料顺毛方向

名　称	符　号	说　明
直　角		制图时表示两条线互相垂直
重叠等长		表示相关衣片交叉重叠,衣片在重叠部分各自保持完整,如侧缝的交叉重叠等,同时还标有等长符号
同　寸		代替标注尺寸的数字,同符号直线或弧线长度相同
剪　切		按剪刀所指方向对纸样进行剪切、修正,以达到造型需要
否　定		表示图中错误线条作废的记号,直接打在错线上
标注尺寸	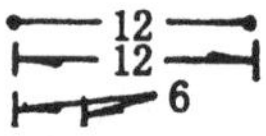	表示裁片部位的长度
明　线	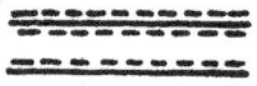	衣片表面的缉线标记,实线表示衣片某部位的轮廓线,虚线表示缉线线迹
整　形		由同一块面料制成却不在同一纸样上的某一部位，需在原结构线两侧标出整形符号,表示原结构线两侧为同一整体,不能剪开
罗　口		表示装罗口的位置,如衣摆、袖口处
拉　伸		表示在某一部位需做熨烫拉伸
归　拢		根据体形需要,衣片在缝制时应稍加紧缩的部位,如后片肩缝等
拨　开		根据体形需要,衣片在缝制时应稍拉宽的部位,如衣片侧缝的腰节处等
塔　克		表示衣片连续折叠狭条后用缝纫机缉线
剪开与折叠		剪开与折叠符号表示将省折叠后剪开线部分自然张开，实际上是将省道进行了转移

第二节　服装制作常用工具

在整个服装制图和缝制过程中，需要用到很多工具，能否正确和熟练地使用它们，关系到服装制作的质量、效率和水平。

一、制图工具（见附图1–2–1）

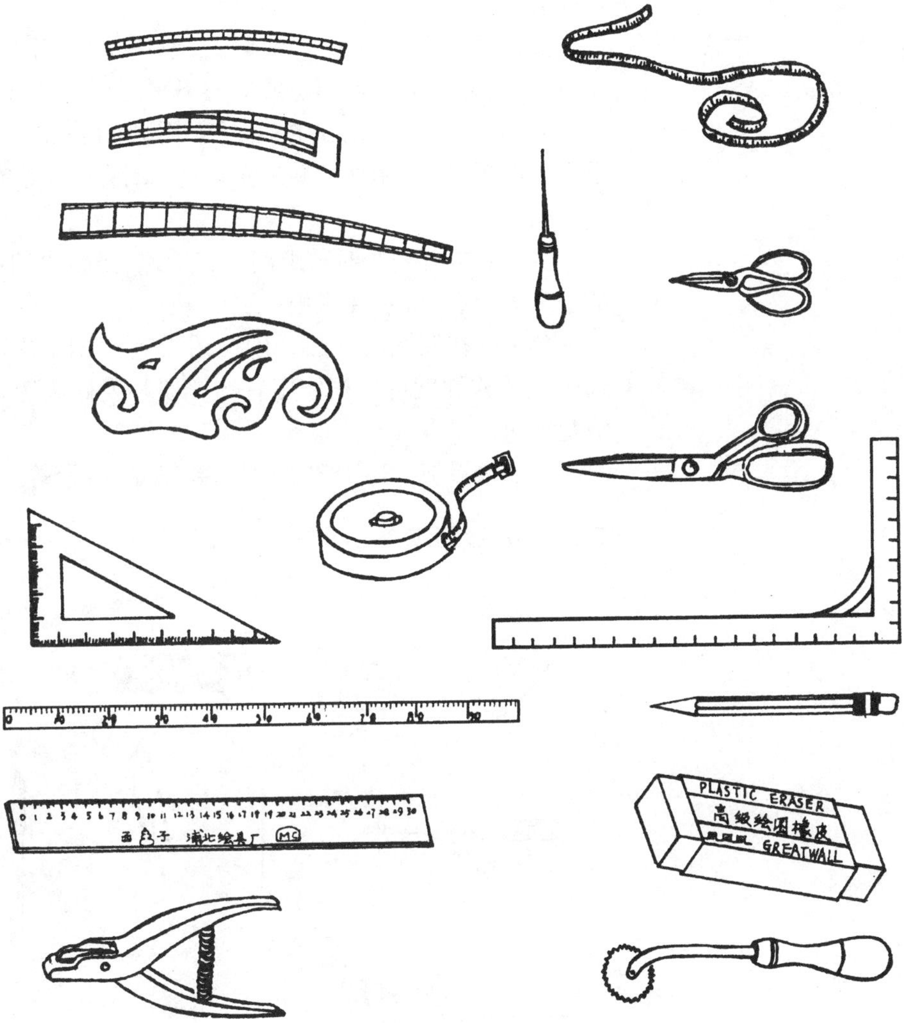

附图1–2–1　服装制图工具

工作台：用于制图和裁剪服装。桌面要平整，可用三夹板或密度板覆面。桌子的规格一般长2 m，宽1 m，高0.8 m。这样的桌子正好能放下90 cm门幅的面料，而宽幅的面料可叠成双层进行裁剪，制图和裁剪都比较便利，对于小型服装加工店及家庭都比较适合。

纸张：常用的纸有白纸、牛皮纸和卡纸等。一般制图用白纸、牛皮纸，卡纸用来制作净样板，如袋盖、领子、挂面等，以达到制作的精确。

尺：制图用的尺有软尺、直尺、弧线尺、曲线板、三角尺等。软尺用于量体、量取图纸中的弧长，如袖窿、领窝等。直尺用于图纸中直线的绘制。弧线尺、曲线板用于袖窿、领窝部分弧线的绘制。

钻子：用于图纸中省位、裥位、袋位等的定位，也可用于复制纸样。做衣服时，可用于衣服左右两片的袋位、省位等的定位，以免出现高低和大小不一的现象。在缝纫时，钻子可用来挑出缝好的领角、摆角和袋角等。

点线器：主要用于复制样板，或用于复制图纸上重叠交叉的部位，把需要复制的部位用点线器描下来，再制成样板。

刀眼器：其作用是在图纸中需要对位的地方打剪口。如果没有刀眼器，则可用剪刀剪三角形剪口，深度不得超过0.5 cm，宽度约0.3 cm。

剪刀：常有制版时剪纸用的剪纸刀、裁布用的裁剪刀和车缝时用的小剪刀等，最好不要混用。

铅笔：在制图时一般采用绘图铅笔，常用的铅笔有H、HB、2B等。选用笔的软硬度可根据使用者的习惯和爱好决定，只要将图意表达清楚即可。

透明胶带纸：用于图纸的拼接、粘贴、改错等。

二、裁剪、缝纫工具（见附图1-2-2）

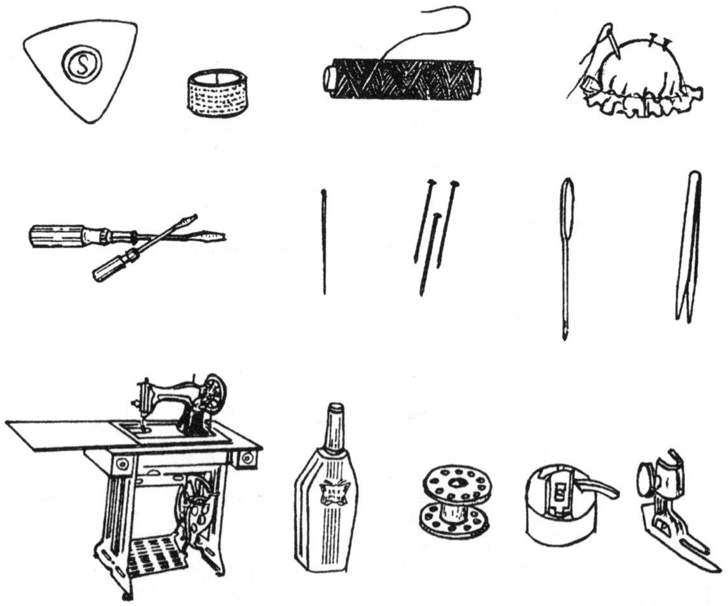

附图1-2-2　裁剪、缝纫工具

划粉：将制好的服装纸样复制在面料上需要用划粉来完成。将划粉竖立，沿纸样边缘轻轻地画，线条越细越精确。画错时，只要用手轻轻地拍打，就可去掉粉线。如不易拍净时，可打否定号“×”。在浅色面料上画线，要选颜色比较接近的划粉。

镊子：用来替代手触及不到或手指难以到达的地方。如翻领角、袋角、摆角、袖克夫、裤腰等尖角、直角部位。在缝制衣服时也可用镊子将布轻轻地推送至压脚，也可用它来拆缝制线。

针：常用的针有家用缝纫机针、工业缝纫机针、手缝针、大头针等。缝纫机针的规格不同，粗细也不同。9号、11号机针主要用于轻薄面料，11号、14号机针主要用于中等厚度的面料，14号、16号机针则用于厚型面料。手缝针也要根据面料的厚薄来选择，一般面料手缝时用6号、7号针，轻薄面料用8号、9号针。大头针主要用在缝纫前，将对位处、里面缉缝处、拼接处等部位别住，以防缝制时走形。

线：常用的缝纫用线有涤纶线(60S/3股、40S/3股)，有用于轻薄面料的精梳棉丝光线(60S/3股、80S/3股)、涤棉混纺线(60S/3股)等。线密度越小(支数的数值越大)则表示线越细，用线的粗细可根据面料的厚薄及性能来决定。

辅助压脚：缝纫机是靠压脚和送布牙配合进行缝纫的。压脚种类很多，其功能各不相同。压脚主要有平压脚、单边压脚、隐形拉链压脚、卷边压脚等。平压脚用于一般的缝纫；单边压脚在缝制普通拉链和滚边嵌线时十分方便；隐形拉链压脚用来缝制隐形拉链；卷边压脚用于缝制卷边。

除上述工具外，梭芯、梭壳是缝纫机的配件，针插包用来插针。

三、熨烫及其他工具(见附图1-2-3)

附图1-2-3　熨烫及其他工具